실기시험 꼭 합격하고 싶으세요?

화훼장식 기능사 실기

김혜정 엮음

일진사

머리말

꽃과 함께하는 삶은 참으로 행복한 일상입니다.
꽃은 우리에게 여유 있는 삶을 살 수 있게 해 주며 삭막한 현대식 공간을 자연 친화적으로 바꾸어 주는 역할을 합니다.

화훼 산업은 미래 지향적인 산업이며 우리의 생활 환경과 밀접한 관계를 갖고 있습니다.
화훼 장식 기능사란 꽃을 자유자재로 디자인하는 전문가입니다. 자연의 아름다움을 그대로 실내에 옮겨다 놓기도 하고 아름다운 꽃들로 그날의 이벤트를 장식하기도 하는, 다양한 형태의 디자인을 원하는 대로 표현하는 매력적인 전문 직업입니다.

이 책은 화훼 장식 기능사 자격증 시험을 준비하는 분들을 위해 가장 기초적인 꽃을 다루는 요령에서부터 꽃을 꽂는 과정들을 수험자의 자세로 설명하였습니다. 또한 최근에 새롭게 바뀐 출제 기준에 맞추어 화려한 컬러 사진을 곁들였으며, 전체적인 설계도를 한눈에 볼 수 있게 일목요연하게 구성하였습니다.
모쪼록 전문가를 꿈꾸는 여러분의 소망이 이 책을 통하여 이루어지기를 바라며, 플로리스트로 성공하기를 기대해 봅니다.

끝으로 책을 만드는 데 도움을 아낌없이 준 제자들과 도서 출판 **일진사** 직원 여러분께 깊은 감사를 드립니다.

김혜정

CONTENTS

1 제1과제 공개된 신부화

- 신부화 ··· 10
- 절화를 다루는 기초 지식 ····················· 17
  - 원형 신부화 ·· 19
  - 삼각형 신부화 ···································· 24
  - 폭포형 신부화 ···································· 29
  - 초승달형 신부화 ································ 34

2 제2과제 꽃꽂이·꽃다발

- 동양 꽃꽂이 ··· 40
  - 직립형 (바로 세운 형) ······················· 42
  - 경사형 (기울인 형) ··························· 47
  - 하수형 (흘러내리는 형) ····················· 52
- 서양 꽃꽂이 ··· 57
  - 대칭 삼각형 ·· 59
  - 비대칭 삼각형 ···································· 64
  - 역T형 ·· 69
  - L형 ··· 74
  - 수평형 ·· 79
  - 초승달형 ·· 84
  - 반구형 ·· 89
  - 원추형 ·· 94

 부채형 · 99
 수직형 · 104
 정방형 · 109
 S커브형 · 114
 스프레이형 · 119
 병렬(평행)형 · 124
 피라미드형 · 129
• 꽃다발 · 134
 원형 꽃다발 · 135
 원추형 꽃다발 · 139
 수평형 꽃다발 · 143
 활형 꽃다발 · 147

• 꽃 상품 · 152
 꽃바구니 (낮은 사각 바구니) · · · · · · · · · · · · · · · · · 154
 꽃바구니 (낮은 원형 바구니) · · · · · · · · · · · · · · · · · 156
 꽃바구니 (긴 원형 바구니) · · · · · · · · · · · · · · · · · · 158
 꽃 포장 (원형 꽃다발) · 160
 꽃 포장 (축하용 꽃다발) · 162
 테이블 꽃 장식 · 164
 다육 식물 가든 · 166
 디시 가든 · 168

3 부록
기타 화훼 장식

화훼 장식 기능사 시험 정보

■ 개요
화훼 산업의 가능성 및 역할이 증대되고 시대 및 사회적 요구의 확대로 인해 화훼 장식 전문가의 양성, 도·소매 꽃가게 운영의 현대화, 화훼 장식(이용)의 과학화 그리고 체계화된 교육과 효율적인 인력 활용을 위해 일정 수준의 지식과 기술을 갖춘 사람을 양성할 목적으로 제정되었다.

■ 영문 명칭
Craftsman Floral Design

■ 수행 직무
화훼 장식 전문성을 가지고 화훼류를 주 소재로 실내·외 공간의 기능성과 미적 효과가 높은 장식물의 계획, 디자인, 제작, 유지 및 관리하는 기술과 관련된 모든 업무를 수행한다.

■ 실시 기관 / 홈페이지
한국 산업 인력 공단 / www.q-net.or.kr

■ 진로 및 전망
① 전문화되어 가고 있는 현대는 고도의 기술을 요구하고, 화훼 또한 이러한 흐름에 맞추어 빠른 속도로 생활 필수화되어 가고 있으며, 화훼를 이용한 장식품의 종류도 다양해지고 있어 고도의 전문성과 프로 정신을 보유한 인력을 점점 요구하고 있다.
② 도·소매 꽃가게의 대형화 및 전문화를 통한 전문 인력의 고용 능력과 창업의 증대, 호텔, 은행 등 대형 건물의 그린 인테리어로서의 활동, 조경 회사, 골프 회사, 화훼 종묘 회사, 화훼 육묘 회사, 화훼 경매 시장 등에 취업, 실내 조경가, 코디네이터, 사이버 플라워 디자이너, 이벤트 행사 기획가, 전시회 기획가, 화훼 장식 평론가 등의 프리랜서로 활약, 전문 분야의 상품 개발, 디스플레이 전문업, 화훼 장식 소재 제조업, 화훼 장식 소재 판매, 화훼 유통업, 꽃꽂이 학원의 경영, 화훼 관련 경기 대회 관리 및 심사위원, 각종 교육 기관의 강사 등에 종사할 수 있다.

■ 실기 시험 일자 및 장소 안내
접수 시 수험자 본인 선택
※ 먼저 접수하는 수험자가 시험 일자 및 시험장 선택의 폭이 넓음

■ 화훼 장식 디자인 실무 시험 시간 및 시험 내용

1. 시험 시간 : 2시간 정도(신부화 : 70분, 기타 작품 : 1시간 정도)
2. 시험 내용
   (1) 실기 시험 방법
   화훼 장식 디자인 관련 작업 내용으로 꽃꽂이, 꽃다발, 꽃바구니, 테이블 장식, 신부 장식, 식물 심기, 기타 화훼 장식에 활용될 수 있는 작업을 실시한다.

   (2) 과제 범위
   화훼 장식 기능사 실기 시험은 2개의 과제로 구성되며, 1과제는 공개된 신부화에서, 2과제는 위에 제시된 꽃꽂이, 꽃다발, 꽃바구니, 테이블 장식, 신부 장식, 식물 심기 등의 분야별로 선별된 과제에서 실시한다. 과제는 제시된 요구 사항(조형 형태, 사용 재료, 기타 제한 조건)에 맞게 생화 및 부소재 등을 활용하여 과제별 제한 시간에 화훼 장식 작업을 완성한다.

   (3) 주요 채점 기준
   화훼 장식 작업의 결과물에 대한 평가가 이루어지며, 주요 평가 기준으로 조형적인 면과 기술적인 면에 대한 것으로 한다.

   (4) 꽃꽂이, 꽃바구니, 꽃다발 화형(2과제)

번호		화 형	(전통적) 기본형	응용형
1	동양	직립형(바로세운형)	기본형	응용형
2		경사형(기울인형)	기본형	응용형
3		하수형(흘러내리는형)	기본형	응용형
4	서양	삼각형(Triangular style)	일방형	응용형
5		역T형(Inverted T style)	일방형	응용형
6		L형(L style)	일방형	응용형
7		수평형(Horizontal style)	사방형	응용형
8		초승달형(Crescent style)	기본형	응용형
9		반구형(Dome style)	사방형	-
10		원추형(Cone style)	사방형	-
11		부채형(Fan style)	일방형	-
12		수직형(Vertical style)	일방형	응용형
13		정방형(Square style)	일방형	응용형
14		S커브형(S curve style)	일방형	-
15		스프레이형(Spray style)	사방형	응용형
16		병렬(평행)형(Parallel style)	기본형	응용형
17		원형 꽃다발(Round style)	사방형	응용형
18		원추형 꽃다발(Cone style)	사방형	응용형
19		활형 꽃다발(Bow style)	사방형	응용형
20		수평형 꽃다발(Horizontal style)	사방형	응용형

■ 지참 준비물 목록

번호	재료명	규격	단위	수량	비고
1	가시 제거기		개	1	
2	플라스틱 물통	10L	개	2	
3	필기구	흑색 또는 청색	개	1	
4	FD 나이프	꽃장식용	세트	1	
5	수공 가위, 전정 가위	꽃장식용	개	1	각각
6	니퍼	꽃장식용	개	1	
7	펜치	꽃장식용	개	1	
8	줄자	1m	개	1	
9	앞치마	보통용(방수 가능)	벌	1	
10	분무기		개	1	
11	철사	#18, 20, 22, 24, 26	묶음	1	각각 (#18 철사 길이 70cm)
12	오간디 리본	폭 3cm, 길이 2m, 아이보리색 또는 핑크색	개	1	
13	플로럴 테이프	흰색 또는 그린색	개	1	
14	지철사		묶음	1	약간

가시 제거기　　플라스틱 물통　　필기구　　FD 나이프　　수공 가위　　니퍼　　펜치

줄자　　앞치마　　분무기　　철사　　오간디 리본　　플로럴 테이프　　지철사

※ 지참 재료는 통상적으로 시장에서 판매하는 상품 상태여야 하며, 손질하여 가져올 경우 부정행위자로 간주될 수 있다.

제 1 과제
공개된 신부화

- 원형 신부화
- 삼각형 신부화
- 폭포형 신부화
- 초승달형 신부화

신부화 (Bouquet)

1. 와이어링(Wiring)

- 연약한 줄기에 철사를 덧대어 지지를 돕는다.
- 잎이나 꽃의 길이가 짧을 때 철사를 연결하여 연장된 줄기로 사용한다.
- 줄기를 곡선으로 표현하기 위하여 사용하기도 한다.
- 꽃 목을 바로 세워 주기 위하여 사용한다.
- 원하는 지점에 재료를 고정하기 위하여 사용한다.
- 장식품의 부피와 무게를 줄이기 위하여 사용한다.
- 철사 처리 방법은 사용할 꽃의 형태와 줄기의 유형을 고려하여 장식물의 활용도와 형태에 따라 선택한다.
- 한 식물체에 여러 가지 방법을 병행하기도 하며, 장식물 표면에 철사가 보이지 않도록 마무리한다.

❋ 신부화 소재별 와이어링 사진

루모라 고사리   백합   장미   카네이션

(1) 철사의 굵기

① 철사에는 다양한 굵기가 있으며 소재에 따라 굵기와 무게를 적절하게 선택한다.
② #번호가 높을수록 가늘어진다.
③ 와이어링의 목적은 지지와 연결에 있으며 섬세하고 단정한 기법으로 제작해야 한다.
④ 철사 처리는 미관상 깨끗해야 하며, 작품의 무게를 되도록 가볍게 할 수 있는 철사를 선택해야 한다.
⑤ 철사의 종류에 따라서 작품의 무게를 줄일 수 있다.

> **철사 선택의 일반적인 요건**
>
> #36 : 매우 섬세한 재료 및 코르사주와 묶는 데 사용한다.
> #34 : 신부화의 바인딩과 꽃대 지지를 위한 작업에 사용한다.
> #32 : 델피니움과 같은 꽃에 사용한다.
> #30 : 알스트로메리아, 프리지어, 아이비의 와이어링에 사용한다.
> #28 : 중간 크기의 꽃이나 잎에 사용한다.
> #26 : 일반적인 줄기의 지지 그리고 스프레이 카네이션에 사용한다.
> #24 : 줄기의 연장과 지지를 위해 사용한다.
> #22 : 카네이션, 장미, 심비디움의 연장 등에 사용한다.
> #20 : 웨딩 또는 근조 디자인에서 꽃의 연장을 위하여 사용한다.
> #18 : 매우 무거운 재료의 지지나 연장에 사용한다.

(2) 식물 부위별 와이어링

① 줄기의 와이어링

* 인터널 와이어링(internal wiring)
- 자연 줄기의 내부에 철사를 줄기 끝에서 꽃을 향하여 삽입한다.
- 줄기를 지지하거나 원하는 방향으로 휘고자 할 때 사용한다.
- 위로 올라온 철사는 구부린 후 다시 아래로 잡아당겨서 보이지 않게 한다(후킹 또는 루핑 처리). 줄기를 손상하지 않는 장점이 있다.

* 익스터널 와이어링(external wiring)
- 줄기 외부에 철사를 곧게 대고 플로럴 테이프로 감거나 철사를 이용해 나선형으로 감아 주는 기법이다.
- 테이프는 줄기와 비슷한 색으로 한다.
- 깨끗하고 섬세하게 테이핑한다.
- 줄기가 약하고 길이가 긴 화종에 적용한다.
- 곧은 철사를 원하는 곳에 대고 또 다른 철사를 줄기의 아래위로 또는 꽃과 꽃 사이로 감아 올라가며 마무리한다.

* 마운트 메서드(mount method)
- 꽃이나 잎의 줄기를 짧게 절단한 후 철사를 돌려서 처리하는 방법으로 남아 있는 철사가 한 줄일 때는 싱글렉 마운트, 두 줄일 때는 더블렉 마운트라고 한다.

② 잎의 와이어링
- 대부분의 잎은 와이어링할 수 있다.

- 잎의 무게에 따라 번호를 선택하는 것이 중요하다.
- 방법은 잎의 1/3 지점에 좁은 스티치를 하고 철사 양끝을 줄기 쪽으로 당겨서 잎을 지지하게 하여 줄기와 한쪽 철사를 다른 철사로 감아서 마무리한다.

③ 꽃의 와이어링
- 개개의 꽃을 따서 철사로 감아 줄기를 만들어 사용한다.
- 꽃의 크기가 무겁거나 다른 형태로 재구성하길 원할 때 꽃잎을 분리한다.
- 안개꽃과 같이 줄기가 가는 꽃은 몇 가지씩 묶어서 사용한다.
- 양란과 같이 꽃이 여러 개 붙어 있는 경우 꽃을 따서 후킹 메서드를 적용하여 사용한다.
- 은방울꽃과 같이 줄기 하나에 여러 꽃들이 붙어 있는 경우에 지지대를 위하여 철사를 위로 돌려 감아서 사용한다.

④ 꽃의 분리 기법
- 꽃을 여러 개로 분리하여 재조립하여 독특한 형태로 만들 수 있다.
- 꽃잎의 와이어링이나 테이프 부분에 솜이나 티슈를 감고 물을 분무하여 작업하면 보습과 보호 역할을 한다.
- **예** 스위트피 로즈(sweet-pea rose) : 적당히 개화한 장미의 윗부분을 여러 개의 철사로 관통한 후 테이핑하여 줄기 처리 한다. 그런 후에 자연 줄기 부분을 부드럽게 꽃과 분리한다. 작약처럼 보이는 새로운 꽃이 된다.
- **예** 라넌큘러스 로즈(ranunculus rose) : 화장이 긴 장미를 선택하여 봉우리 윗부분을 여러 개의 철사로 교차하여 테이핑하여 줄기 처리 한다. 철사 줄기와 자연 줄기 사이를 깨끗이 절단하면 두 개의 꽃이 된다.

페더링(feathering)
❶ 카네이션이나 국화처럼 끝이 뾰족한 꽃잎을 분리하여 다양한 크기로 만든다.
❷ 꽃받침을 떼어 낸다 → 꽃잎을 3~4, 5~6장씩 나눈다 → 꽃잎을 포개어 철사로 감는다 → 밑동을 자른 후 테이핑한다.

개더링(gathering)
❶ 원형의 모음 신부화가 좋은 예이다.
❷ 장미, 백합, 글라디올러스 등을 소잉 메서드나 헤어핀 메서드로 와이어링하여 뭉치로 조립하는 경우가 많다.
❸ 꽃잎을 밖에서부터 떼어 내거나 칼로 분리한다 → 분리한 꽃잎의 1/3 지점에 헤어핀 메서드 후 테이핑한다 → 꽃술을 중심으로 와이어링한 꽃잎을 원형으로 조립한다 → 가장자리는 잎이나 레이스로 장식한다.

(3) 유닛(unit) 기법

각각 와이어링한 잎이나 꽃을 함께 조립하여 하나의 단위로 조합하는 것을 말한다.

① 브랜치 유닛(branch unit) : 한 줄기나 한 가지인 듯하게 표현하며, 한 종류의 재료를 이용하여 조립한다. 작은 것부터 시작해서 점점 크게 증가시킨다. 코르사주와 신부화에 많이 이용한다.

② 리브드 유닛(ribbed unit) : 한 종류의 식물로 구성하며 여러 개의 잎과 꽃을 한데 묶어서 와이어링하는 방법이다.

(4) 테이핑

① 테이핑의 목적은 줄기 끝을 봉하기 위한 것이다.
② 접착성 있는 테이프로 줄기와 철사를 붙이는 데 돕는다.
③ 변화된 외관을 구성한다.
④ 철사를 감싸서 손상으로부터 보호한다.

(5) 일반적인 와이어링 기법

① 피어스 메서드(pierce method) : 줄기가 단단하고 꽃 얼굴에 무게가 있을 때 사용한다(장미, 백합 등). 꽃받침 부분의 옆을 찔러서 고정한다.

② 크로스 메서드(cross method) : 얼굴이 큰 꽃을 중앙에 단단하게 고정할 때(장미, 백합 등) 두 개의 철사로 줄기를 십자로 관통하여 교차시켜 고정한다.

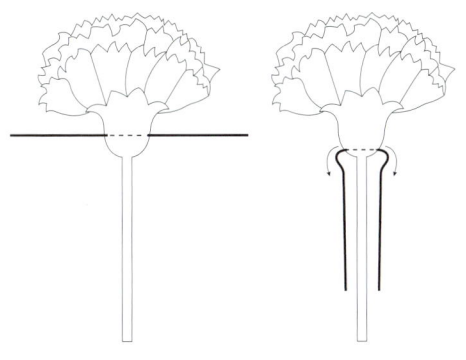
피어스 메서드(pierce method)

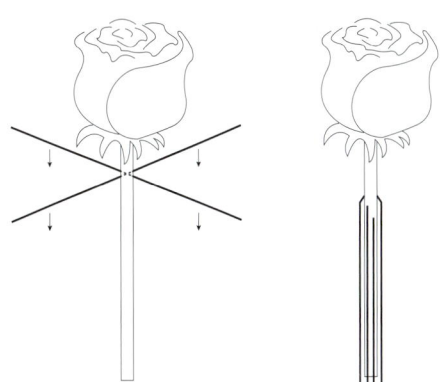
크로스 메서드(cross method)

③ 인서션 메서드(insertion method) : 긴 줄기에 철사를 고정하는 것으로 주로 줄기 속이 비어 있는 경우 사용하지만 연출하기 위해서 사용하는 경우도 있다(마디초, 칼라, 거베라 등). 줄기 안쪽에 철사를 집어넣어 고정한다.

④ 후킹 메서드(hooking method) : 철사를 아래서 위로 관통시킨 후 끝을 살짝 구부린다 (카네이션, 소국과 같은 꽃잎이 많은 꽃들에 주로 사용한다).

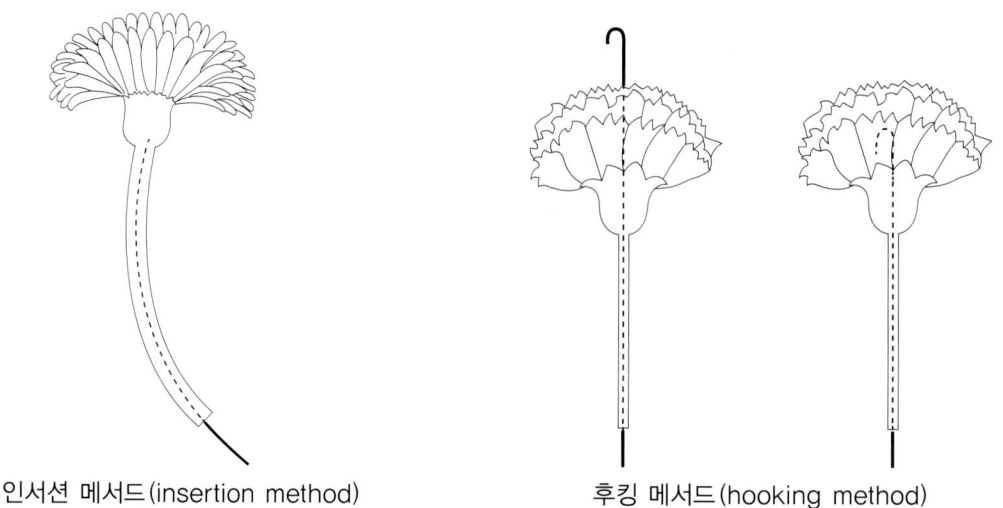

인서션 메서드(insertion method)　　　후킹 메서드(hooking method)

⑤ 헤어핀 메서드(hair-pin method) : 철사를 잎의 뒷면에 꽂아 한 바늘 꿰고, 양쪽으로 구부려 U자 형태로 만들어 고정한다 (부드럽고 잎이 얇은 아이비 잎, 꽃잎, 그린 잎 등에 사용한다).

⑥ 소잉 메서드(sewing method) : 바느질하듯 꿰매는 방법이다. 꽃잎을 여러 겹 모아 하나로 처리할 때나 얼굴이 큰 꽃들을 처리할 때 사용한다.

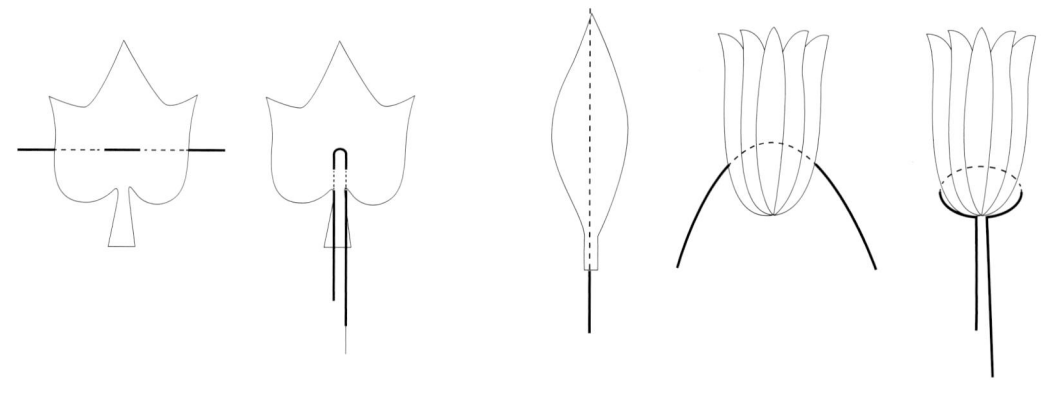

헤어핀 메서드(hair-pin method)　　　소잉 메서드(sewing method)

⑦ 시큐어링 메서드(securing method) : 약한 줄기를 철사로 감아 준다 (꽃이나 식물의 줄기에 철사를 덧대어 보강해 주고 줄기를 자유자재로 움직일 때 사용한다. 유칼립투스, 루모라 고사리, 아스파라거스 등).

⑧ 루핑 메서드(looping method) : 철사 끝을 약간 구부려 갈고리처럼 만든 후 다른 쪽으로 위에서 아래로 넣어 고정한다(스프레이 카네이션, 소국 등).

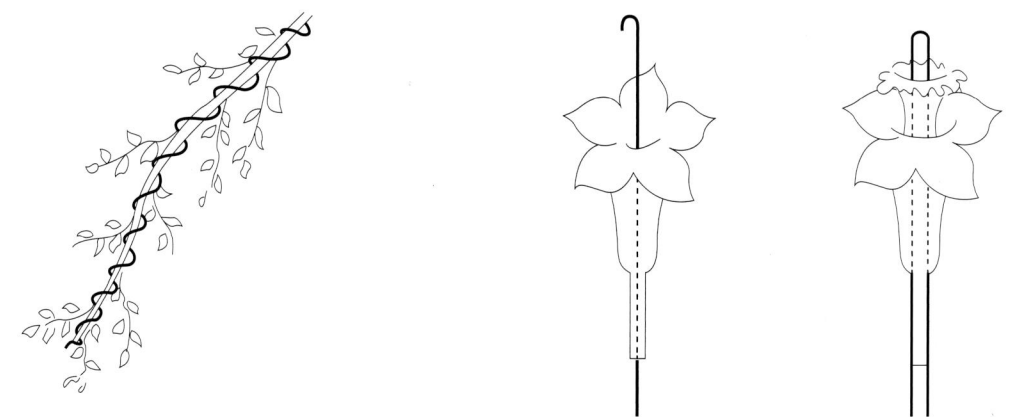

시큐어링 메서드(securing method)　　　　　루핑 메서드(looping method)

⑨ 트위스팅 메서드(twisting method) : 꽃이나 잎의 밑부분에 철사를 U자로 만든 후 감아서 고정한다(작은 꽃잎이나 줄기가 약한 소재들에 사용한다. 유칼립투스, 아스파라거스, 루모라 고사리, 숙근 안개초 등).

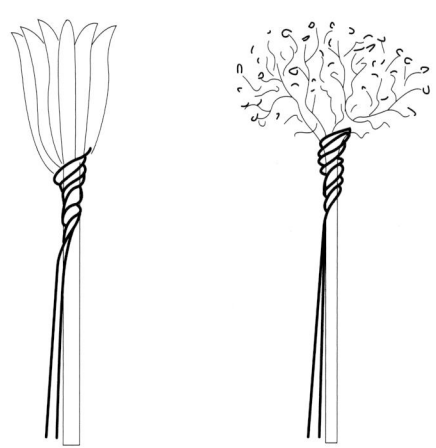

트위스팅 메서드(twisting method)

2. 리본과 보 (Ribbon & Bow)

(1) 리본
① 포장에서 중요한 부분이다.
② 색상이나 크기, 재질, 무늬 등이 다양하여 사용 목적에 따라 만드는 종류와 방법을 선택하여 최대의 효과를 내도록 한다.
③ 재질이 다양하여 선택의 폭이 넓고, 자연에 없는 질감과 색으로 디자인을 마무리하는 데 효과적이다.
④ 리본은 꽃을 보조하는 역할을 한다.

(2) 리본 보
① 장식을 하거나 어떤 곳을 가리고 싶을 때 사용할 수 있다.
② 디자인 안에서 색상과 질감이 균형과 조화를 이루어야 한다.
③ 신부화에 사용할 경우에는 리본을 감은 뒷면 바인딩에 부착한다.
④ 여성을 위한 코르사주의 경우 전체 디자인의 1/3에 해당하는 지점으로 뒷쪽 바인딩에 부착하거나 작게 만들어 디자인 안에 사용하기도 한다.
⑤ 남성을 위한 버튼 홀에는 양복 깃의 구멍에 삽입하기 쉽게 하기 위하여 사용하지 않는다.
⑥ 원형의 꽃다발에서 리본의 위치는 제한받지 않으나 가장 예쁜 곳을 정면으로 하고 리본은 반대쪽 바인딩에 부착한다.
⑦ 원형의 포지에도 보가 부착되는 곳은 뒷쪽으로 보가 손등에 오도록 하는 것이 원칙이다.
⑧ 바구니에 사용할 경우 주된 꽃을 압도하지 않아야 한다.

리본 보의 효과
❶ 리본의 재질, 색상과 형태로 디자인에 흥미를 더한다.
❷ 플로럴 테이프를 감추거나 묶은 부분을 보호한다.
❸ 신부화나 코르사주의 전면과 후면을 알려 준다.
❹ 보의 부피감으로 디자인의 양감이 증대한다.
❺ 식물 재료를 줄일 수 있어서 경제적이다.
❻ 완성된 느낌과 디자인의 품격을 높여 주는 효과가 있다.

절화를 다루는 기초 지식

1. 소재의 구입과 선택 요령
① 줄기가 튼튼한 것을 선택한다.
② 꽃잎이 많은 꽃은 흔들어서 꽃잎이 떨어지는지 확인한다.
③ 활짝 핀 꽃보다는 반쯤 핀 꽃봉오리나 몽우리 상태인 것을 선택한다.
④ 물 올리기가 잘되지 않는 소재는 피하며, 줄기의 자른 부분이 변색되거나 썩지 않은 것을 선택한다.
⑤ 특별한 경우를 제외하고 제철의 꽃을 저렴하게 구입하는 것도 하나의 방법이다.
⑥ 작품의 용도, 놓이는 장소 등을 고려하여 소재를 선택한다.
　＊ 소재와 화기, 장소(놓이는 환경)가 중요하다.

2. 소재의 정리와 자르기
① 부러지고 병들고 시든 잎, 곁가지를 잘라서 선의 흐름이나 방향, 공간을 생각하여 정리한다.
② 교차되는 가지는 정리하는 것이 좋다.
③ 잎의 경우도 흐름에 따라 강약을 주어 다듬는다.
④ 물이나 플로럴 폼에 닿는 부분은 잔가지나 잎을 깨끗이 정리한다.
⑤ 꽃의 줄기를 자를 때는 관이 상하지 않도록 잘 드는 칼을 사용하는 것이 좋다(물올림).
⑥ 플로럴 폼 사용 시 줄기를 사선으로 잘라야 공간 활용에 효과적이다.
⑦ 꽃이나 가지의 마디는 피하여 자른다.

3. 소재의 신선도를 유지하는 방법
① 신선도를 유지하기 위해서는 물올림이 가장 중요하다.
② 줄기를 자를 때 관에 공기가 들어가지 않도록 물 속 자르기가 좋다(가장 일반적).
③ 줄기 끝은 사선으로 자른다.
④ 약품 처리, 줄기 끝에 소금 바르기, 불에 태우기(탄화법), 끓는 물에 담그기(열탕법), 온탕에 담그기(온탕법) 등이 있다.
⑤ 더운 여름에는 시원한 새 물로 갈아 준다.

자격 종목	화훼 장식 기능사	작품명	원형(Round style) 신부화

1. 신부화 작업 시간 : 70분

2. 요구 사항

   제시된 재료와 다음 조건으로 신부 장식용 신부화를 제작하시오.

   가. 작품의 형태는 현대적 분위기의 원형으로 제작한다.
   나. 구조물을 제작하여 작품을 제작한다.
   다. 반드시 와이어링 기법을 사용해야 하며, 손잡이의 각도는 수직으로 한다.
   라. 긴 줄기의 선은 자연 줄기를 이용하여 제작한다.
   마. 165cm 정도 키의 신부에게 어울리는 크기로 제작한다.
   바. 작품 제작을 위해 준비된 생화는 종류별로 모두 사용하되, 사용량은 전체 소재 70% 이상이어야 한다. (단, 지급 재료 중 철사(와이어) 종류의 사용량은 제한이 없으며 자유롭게 사용한다.)

※ 공개된 지참 재료인 생화 및 사용 재료들은 수험자가 모두 지참하여야 한다.

일련번호	지참 재료	규 격	단 위	수 량	비 고
1	백합	흰색 또는 분홍색 계열	단	1	기타의 백합과 모두 사용 가능
2	장미	흰색 또는 분홍색 계열	단	1	
3	아이비 잎		묶음	1	
4	마디초		단	2	
5	유칼립투스		단	1	
6	스프레이 카네이션	흰색 또는 분홍색 계열	단	1	대체 : 리시안서스
7	루모라 고사리		단	1	
8	철사	#18, 20, 22, 24, 26	각각 묶음	1	단, #18 철사의 경우 길이 70cm
9	오간디 리본	폭 3cm×길이 2m, 아이보리색 또는 핑크색	개	1	
10	플로럴 테이프	흰색 또는 그린색	개	1	
11	지철사			약간	

원형 신부화 Round style

❖ **소재** 백합, 장미, 아이비 잎, 마디초, 유칼립투스, 리시안서스, 루모라 고사리

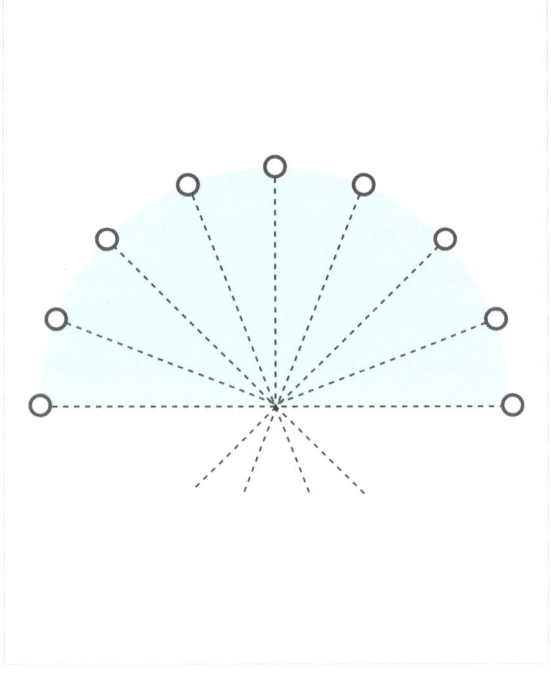

| 드로잉 | 정면도 |

특징 및 형태

1 원형의 완만한 구 형태를 이룬다.
2 구조물을 반구 형태로 제작하여 원형의 형태를 더욱 돋보이게 한다.
3 신부들이 보편적으로 선호하는 신부화이다.
4 마디초(#18, 인서션), 백합(#20~22, 피어싱), 장미(#20~22, 피어싱)
   유칼립투스(#24~26, 시큐어링), 아이비 잎(#26, 헤어핀)
   루모라 고사리(#26, 시큐어링), 리시안서스(#22~24, 시큐어링)
5 예정 소요 시간 – 구조물 : 20분   철사 처리 : 20분
                플로럴 테이프 : 15분   제작 : 10분
                마무리 : 5분

주의사항

1 줄기에 와이어링한 부분은 플로럴 테이프로 깔끔하게 처리해 준다.
2 철사의 뾰족한 부분이 걸리지 않도록 끝마무리를 잘 처리해 준다.
3 손잡이(바인딩) 부분에서 정확히 묶어야 한다.
4 들었을 때 무겁지 않아야 한다.
5 손잡이는 손으로 잡았을 때 5cm 정도 여유 있게 해 준다.
6 플로럴 테이프를 감은 후 오간디 리본을 사선으로 감아 준다.

제 · 작 · 과 · 정

1

◀ 마디초에 #18 철사를 인서 션 메서드로 끼워 반구형 구조물을 제작한다.

2

◀ 준비한 소재들을 손잡이를 중심으로 구조물 바운드 안에 오도록 잡아 준다.

3

← #26 철사로 아이비 잎(헤어핀 메서드로 처리)을 아래로 돌려 가며 마무리한다.

4

← 준비한 리본(폭 3cm 오간디 리본)으로 마무리한다.

자격 종목	화훼 장식 기능사	작품명	삼각형(Triangular style) 신부화

1. 신부화 작업 시간 : 70분

2. 요구 사항

　제시된 재료와 다음 조건으로 신부 장식용 신부화를 제작하시오.

　가. 작품의 형태는 부등변 삼각형으로 제작한다.
　나. 구조물을 제작하지 않고 작품을 완성한다.
　다. 반드시 와이어링 기법을 사용해야 하며, 손잡이의 각도는 사선으로 한다.
　라. 긴 줄기의 선은 자연 줄기를 이용하여 제작한다.
　마. 165cm 정도 키의 신부에게 어울리는 크기로 제작한다.
　바. 작품 제작을 위해 준비된 생화는 종류별로 모두 사용하되, 사용량은 전체 소재 70% 이상이어야 한다. (단, 지급 재료 중 철사(와이어) 종류의 사용량은 제한이 없으며 자유롭게 사용한다.)

※ 공개된 지참 재료인 생화 및 사용 재료들은 수험자가 모두 지참하여야 한다.

일련번호	지참 재료	규 격	단 위	수 량	비 고
1	백합	흰색 또는 분홍색 계열	단	1	기타의 백합과 모두 사용 가능
2	장미	흰색 또는 분홍색 계열	단	1	
3	아이비 잎		묶음	1	
4	마디초		단	2	
5	유칼립투스		단	1	
6	스프레이 카네이션	흰색 또는 분홍색 계열	단	1	대체 : 리시안서스
7	루모라 고사리		단	1	
8	철사	#18, 20, 22, 24, 26	각각 묶음	1	단, #18 철사의 경우 길이 70cm
9	오간디 리본	폭 3cm×길이 2m, 아이보리색 또는 핑크색	개	1	
10	플로럴 테이프	흰색 또는 그린색	개	1	
11	지철사		약간		

삼각형 신부화 Triangular style

❖ **소재** 백합, 장미, 리시안서스, 유칼립투스, 마디초, 루모라 고사리, 아이비 잎

드로잉

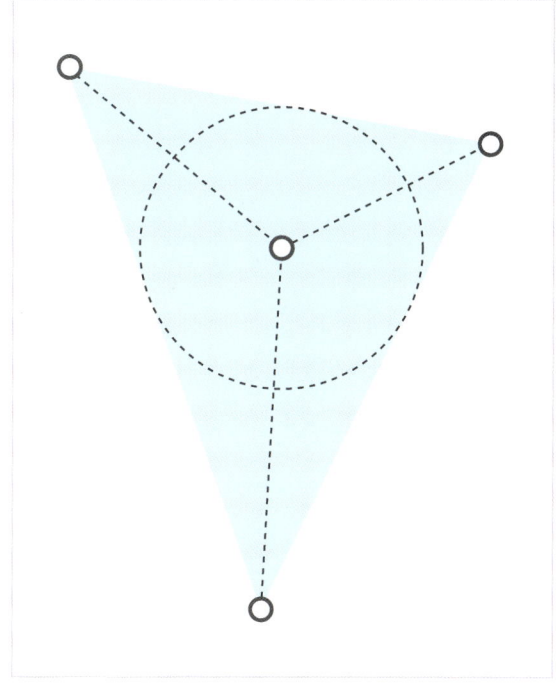
정면도

특징 및 형태

1. 세 개의 끝점이 부등변 삼각형의 형태를 이룬다.
2. 캐스케이드형(폭포형)에서 원형을 중심으로 시계의 3시, 10시 방향으로 작은 갈런드를 만들어 완성한다.
3. 부등변 삼각형의 비대칭이다.
4. 마디초(#18, 인서션), 백합(#20~22, 피어싱), 장미(#20~22, 피어싱)
   유칼립투스(#24~26, 시큐어링), 아이비 잎(#26, 헤어핀)
   루모라 고사리(#26, 시큐어링), 리시안서스(#22~24, 시큐어링)
5. 예정 소요 시간 – 구조물 : 20분   철사 처리 : 20분
   　　　　　　　　플로럴 테이프 : 15분   제작 : 10분
   　　　　　　　　마무리 : 5분

주의사항

1. 비대칭 삼각형 신부화는 캐스케이드 형태를 그대로 두고 시계 방향으로 3시와 10시에 선을 잡아 고정하면 된다.
2. 비대칭의 구도를 잡아 주며 8 : 5 : 3의 비율로 맞춘다.
3. 한쪽 방향은 길게, 한쪽 방향은 짧게 잡아 구도를 맞춘다.
4. 아래로 흐르는 선은 가볍게 보여야 한다.
5. 소재는 얼굴이 큰 꽃이나 활짝 핀 것보단 피지 않은 것이 좋다.

제·작·과·정

← #18 철사를 끼운 마디초로 먼저 삼각형의 구조물을 만들어 받침 역할을 해 준다.

← 마디초로 삼각형 틀을 만든 후 구조물 형태에 따라 아래부터 차례로 와이어링한 소재들을 잡아 준다.

◀ 꽃이 서로 겹치지 않도록 꽃 길이를 조절하여 삼각형이 되도록 마무리한다.

◀ 전체적으로 비대칭 형태를 보여 준다. 아래로 떨어지는 소재는 너무 길거나 무거운 것은 피한다.

제1과제 공개된 신부화 **27**

자격 종목	화훼 장식 기능사	작품명	폭포형(Cascade style) 신부화

1. 신부화 작업 시간 : 70분

2. 요구 사항

　제시된 재료와 다음 조건으로 신부 장식용 신부화를 제작하시오.

　가. 작품의 형태는 폭포형으로 제작한다.
　나. 구조물을 제작하지 않고 작품을 완성한다.
　다. 반드시 와이어링 기법을 사용해야 하며, 손잡이의 각도는 사선으로 한다.
　라. 긴 줄기의 선은 자연 줄기를 이용하여 제작한다.
　마. 165cm 정도 키의 신부에게 어울리는 크기로 제작한다.
　바. 작품 제작을 위해 준비된 생화는 종류별로 모두 사용하되, 사용량은 전체 소재 70% 이상이어야 한다. (단, 지급 재료 중 철사(와이어) 종류의 사용량은 제한이 없으며 자유롭게 사용한다.)

※ 공개된 지참 재료인 생화 및 사용 재료들은 수험자가 모두 지참하여야 한다.

일련번호	지참 재료	규 격	단 위	수 량	비 고
1	백합	흰색 또는 분홍색 계열	단	1	기타의 백합과 모두 사용 가능
2	장미	흰색 또는 분홍색 계열	단	1	
3	아이비 잎		묶음	1	
4	마디초		단	2	
5	유칼립투스		단	1	
6	스프레이 카네이션	흰색 또는 분홍색 계열	단	1	대체 : 리시안서스
7	루모라 고사리		단	1	
8	철사	#18, 20, 22, 24, 26	각각 묶음	1	단, #18 철사의 경우 길이 70cm
9	오간디 리본	폭 3cm×길이 2m, 아이보리색 또는 핑크색	개	1	
10	플로럴 테이프	흰색 또는 그린색	개	1	
11	지철사			약간	

폭포형 신부화 Cascade style

❖ **소재** 백합, 장미, 리시안서스, 유칼립투스, 루모라 고사리, 마디초, 아이비 잎

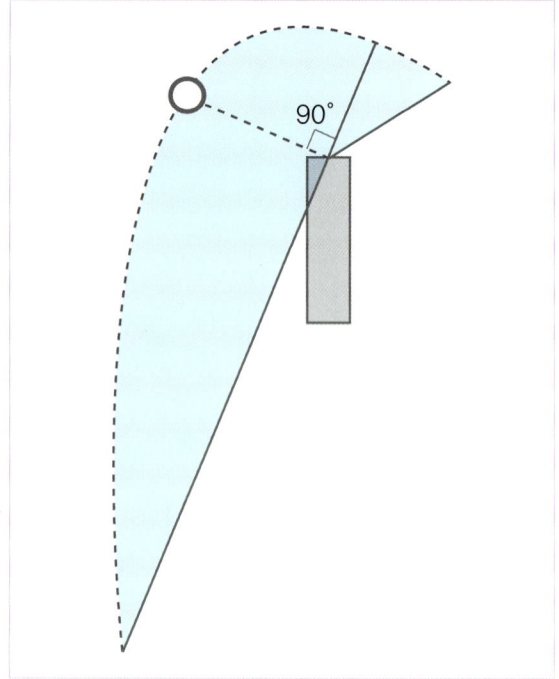

드로잉   측면도

특징 및 형태

1 원형의 길이에서 길게 늘어뜨리는 형태이다.
2 비교적 깔끔하고 쉽게 제작할 수 있다.
3 키가 크고 보통 체격의 신부가 선호하는 디자인이다.
4 마디초(#18, 인서션), 백합(#20~22, 피어싱), 장미(#20~22, 피어싱)
  유칼립투스(#24~26, 시큐어링), 아이비 잎(#26, 헤어핀)
  루모라 고사리(#26, 시큐어링), 리시안서스(#22~24, 시큐어링)
5 특별히 구조물을 만들 필요는 없다. 다만, 마디초를 이용하여 캐스케이드의 느낌을 살려 준다.
6 예정 소요 시간 – 구조물 : 20분   철사 처리 : 15분
                 플로럴테이프 : 15분   제작 : 15분
                 마무리 : 5분

주의사항

1 자연 줄기는 길게(35~40cm) 오도록 하고 피지 않는 소재를 이용해 철사 처리해 준다.
2 갈런드 형태로 소재들을 먼저 잡아 그 잡힌 부분 아래까지만 자연 줄기로 묶이는 윗부분부터 철사 처리를 한다.
3 잡아 가면서 형태를 준다.
4 캐스케이드 형태를 유지하기 위해 양쪽으로 너무 퍼지지 않게 주의한다.
5 철사 처리한 마디초를 중간중간에 길게 넣어 준다.

제 · 작 · 과 · 정

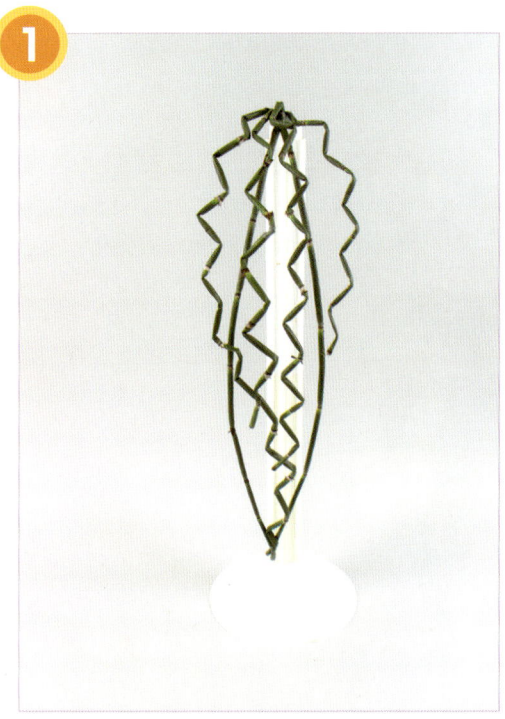

마디초에 #18 철사를 끼워 캐스케이드 형태를 만들어 준 다음 3~4개 정도의 마디초는 볼륨을 주어 구부려 준다.

활짝 핀 소재를 선택하여 중심인 라운드를 먼저 잡아 가며 형태를 준다.

◀ 아래로 긴 줄기는 피지 않은 소재를 사용하고 무거워 보이지 않도록 한다. 위로 올라갈수록 조금씩 핀 소재로 형태를 잡아 고정한다.

◀ 측면에서 바라볼 때 위에서 아래로 흐르는 선이 자연스럽게 연결되도록 한다.

자격 종목	화훼 장식 기능사	작품명	초승달형(Crescent style) 신부화

1. 신부화 작업 시간 : 70분

2. 요구 사항

   제시된 재료와 다음 조건으로 신부 장식용 신부화를 제작하시오.

   가. 작품의 형태는 비대칭 초승달형으로 제작한다.
   나. 구조물을 제작하여 작품을 완성한다.
   다. 반드시 와이어링 기법을 사용해야 하며, 손잡이의 각도는 수직으로 한다.
   라. 긴 줄기의 선은 자연 줄기를 이용하여 제작한다.
   마. 165cm 정도 키의 신부에게 어울리는 크기로 제작한다.
   바. 작품 제작을 위해 준비된 생화는 종류별로 모두 사용하되, 사용량은 전체 소재 70% 이상이어야 한다. (단, 지급 재료 중 철사(와이어) 종류의 사용량은 제한이 없으며 자유롭게 사용한다.)

※ 공개된 지참 재료인 생화 및 사용 재료들은 수험자가 모두 지참하여야 한다.

일련번호	지참 재료	규격	단위	수량	비고
1	백합	흰색 또는 분홍색 계열	단	1	기타의 백합과 모두 사용 가능
2	장미	흰색 또는 분홍색 계열	단	1	
3	아이비 잎		묶음	1	
4	마디초		단	2	
5	유칼립투스		단	1	
6	스프레이 카네이션	흰색 또는 분홍색 계열	단	1	대체 : 리시안서스
7	루모라 고사리		단	1	
8	철사	#18, 20, 22, 24, 26	각각 묶음	1	단, #18 철사의 경우 길이 70cm
9	오간디 리본	폭 3cm×길이 2m, 아이보리색 또는 핑크색	개	1	
10	플로럴 테이프	흰색 또는 그린색	개	1	
11	지철사			약간	

초승달형 신부화 Crescent style

❖ **소재** 백합, 장미, 스프레이 카네이션, 유칼립투스, 마디초, 루모라 고사리, 아이비 잎

드로잉

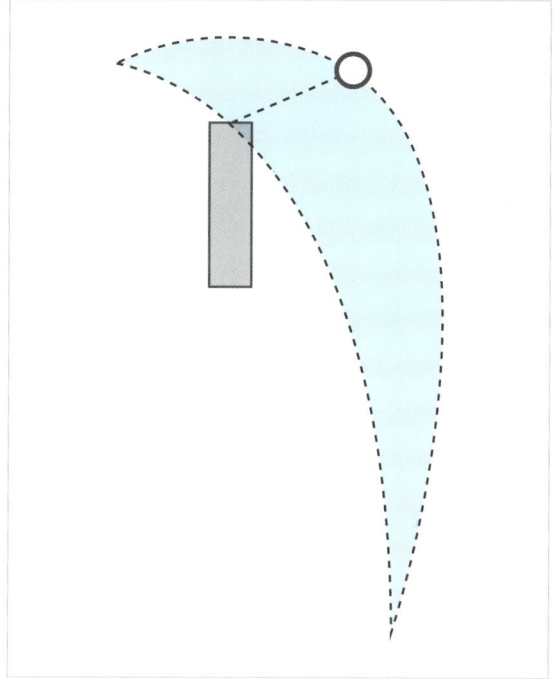
정면도

특징 및 형태

1 구조물을 이용한 신부화이다.
2 중심에 라운드를 만들어 양쪽으로 갈런드를 잡아 주는 형태이다.
3 구조물 안에 꽃들이 있기 때문에 깔끔하면서도 세련된 형태의 신부화이다.
4 대칭과 비대칭으로 제작 가능하다.
5 3 : 5 : 8의 황금 비율을 적용해 세련되고 아름다운 선을 나타내는 신부화이다.
6 #18, 20, 22, 24, 26의 철사를 사용한다.
7 예정 소요 시간 – 구조물 : 20분   철사 처리 : 20분
　　　　　　　　　플로럴 테이프 : 10분   제작 : 15분
　　　　　　　　　마무리 : 5분

주의사항

1 크레센트형(초승달형) 구조물은 제작하는 데 시간이 많이 걸릴 수 있기 때문에 충분한 연습이 필요하다.
2 구조물은 기본 틀을 단단히 고정하고 손잡이를 만들 때 대칭이나 비대칭의 디자인인지 결정된 후 결과에 따라 제작해 준다.
3 구조물에 소재를 넣을 때는 중앙부터 중심을 잡은 후 긴 쪽으로 잡아 준다.

제 · 작 · 과 · 정

◀ 와이어링한 마디초로 크레센트 형태의 구조물을 제작하고 손잡이를 만들어 완성한다.

◀ 제작된 구조물 중앙에 활짝 핀 백합이 위치하도록 고정한 후 구조물의 형태에 따라 소재를 잡아 준다.

← 손잡이를 중심으로 한쪽은 길게, 반대 방향은 짧게 잡아 비대칭의 형태로 잡아 준다.

← 측면에서 보았을 때도 볼륨감이 있도록 마무리한다. 마디초를 잘 활용하여 신부화의 형태를 아름답고 풍성하게 만들어 준다.

제 2 과제
꽃꽂이 · 꽃다발

동양 꽃꽂이

- 동양식 꽃꽂이는 미적 표현 요소인 선을 나타내는 방식으로 선을 다양화함으로써 내적인 미를 느끼게 한다.
- 작품의 구성은 천(天), 지(地), 인(人) 3개의 주지로 높이, 넓이, 길이가 결정되며 부주지로 나머지 공간을 구성한다.
- 주지의 길이에 따라 가장 긴 것을 1주지, 중간 것을 2주지, 가장 짧은 것을 3주지라 한다.

1. 주지의 역할 및 표기

1주지	천(○)	높이, 형태	화기 높이+화기 넓이의 1.5~2배
2주지	지(□)	균형, 넓이	1주지의 2/3
3주지	인(△)	조화, 부피	2주지의 2/3

※ 1주지의 꽂는 위치 및 경사 각도에 따라 꽃꽂이 형태가 결정된다.

(1) 직립형(바로 세운 형)
- 가장 전형적인 화형으로 기본이 된다.
- 1주지는 0~15°의 범위 내에 수직
- 2주지는 1주지와 40~60° 각도로 직선
- 3주지는 1주지와 70~90° 각도로 직선

(2) 경사형(기울인 형)
- 동적이고 경쾌한 느낌이다.
- 1주지는 수직선에서 40~60° 각도로 왼쪽이나 오른쪽에 꽂는다.
- 2주지는 직립형에서 1주지와 같은 방향
- 3주지는 직립형에서 3주지와 같은 방향

(3) 하수형(흘러내리는 형)
- 덩굴 식물을 주로 많이 사용하며 될수록 아래로 떨어지는 식물을 사용한다.
- 1주지는 수평선에서 90~180° 정도로 아래로 떨어지도록 한다.
- 2주지는 1주지의 대각선 방향으로 0~15°로 바로 세워 꽂는다.
- 3주지는 1주지와 2주지 사이에 40~60°로 꽂는다.

2. 침봉

① 절화와 나무 소재는 줄기의 굵기에 따라서 고정하는 방법이 다르다.
② 나무 소재는 직각으로 꽂은 후 원하는 각도를 준다.
③ 보통 굵기의 절화는 사선으로 잘라 각도를 준 후 손가락으로 눌러 꽂는다.
④ 줄기가 가늘거나 연약한 경우는 똑바로 잘라 꽂거나 다른 줄기로 보강해서 꽂는다.
⑤ 줄기의 자른 부분에 화선지나 탈지면을 말아서 꽂으면 쉽다.
⑥ 줄기를 바로 세울 때는 수평으로 자른다. 굵은 나무를 꽂을 때는 눕히는 방향에 따라 사선으로 자르고 자른 면이 위로 오도록 한다.

3. 채점 기준

① 제2과제는 55점 만점으로(1과제와 합산하여 백점 만점에 60점 이상이면 합격) 작업 시간은 40분이다.
② 필기 합격자에 한해 실기 원서 교부와 함께 꽃 소재가 공지되며 시험 유형은 당일 시험 장소에서 제시된다.
③ 13개 항목으로 나누어 채점된다 (기술적인 면과 조형적인 면).
④ 침봉에 물이 완전히 잠기도록 한다.
⑤ 줄기는 사선으로 자른다.
⑥ 형태가 정확한 각도로 꽂혔는지 확인한다.
⑦ 침봉에 단단히 고정한다.
⑧ 정확한 형태를 표현한다.
⑨ 베이스인 침봉이 보이지 않도록 가린다.
⑩ 소재는 제시된 대로 충분히 사용했는지 확인한다.
⑪ 또한 전체적인 조화, 비율, 통일감, 테크닉, 제한 시간, 태도, 마무리 등에 대한 것으로 한다.

직립형 바로 세운 형

❖ **소재** 개나리, 장미, 샴록(샤므록), 소국, 루모라 고사리

  1주지를 길게 바로 세우는 형으로 모든 화형의 기본이 된다. 작품은 비교적 안정적이지만 소재의 종류에 따라 보이는 느낌이 진취적이고 긴장감을 주기도 한다. 정적이며 안정감을 준다.

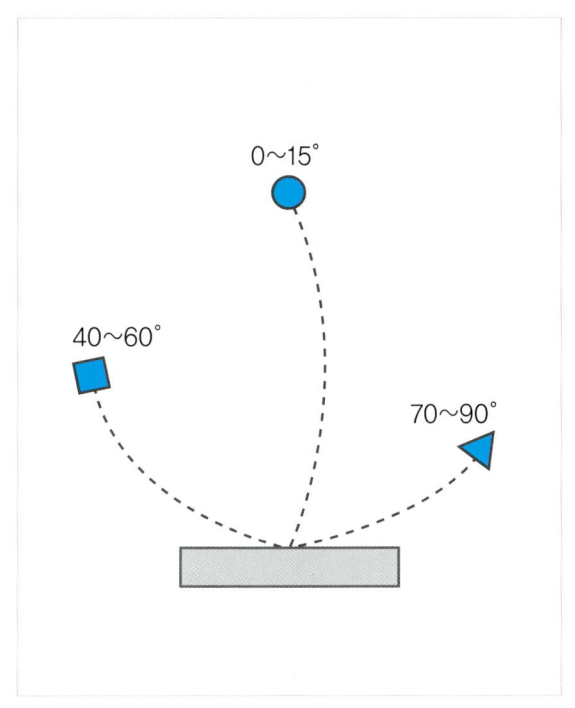

정면도

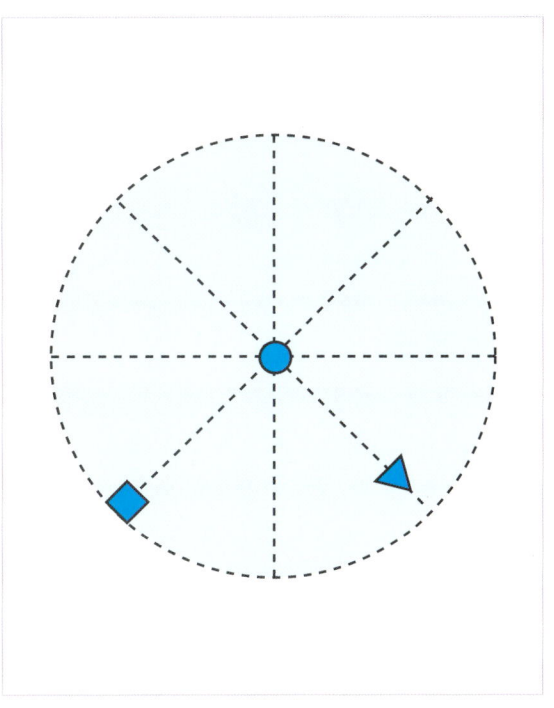

평면도

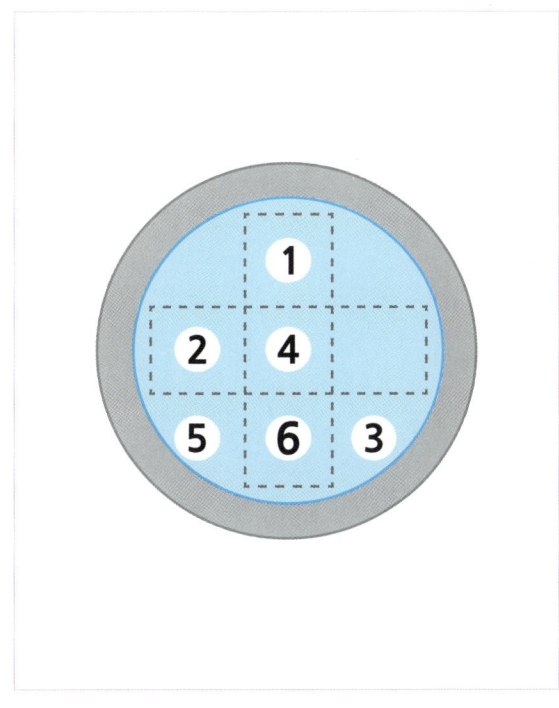

침봉 위치

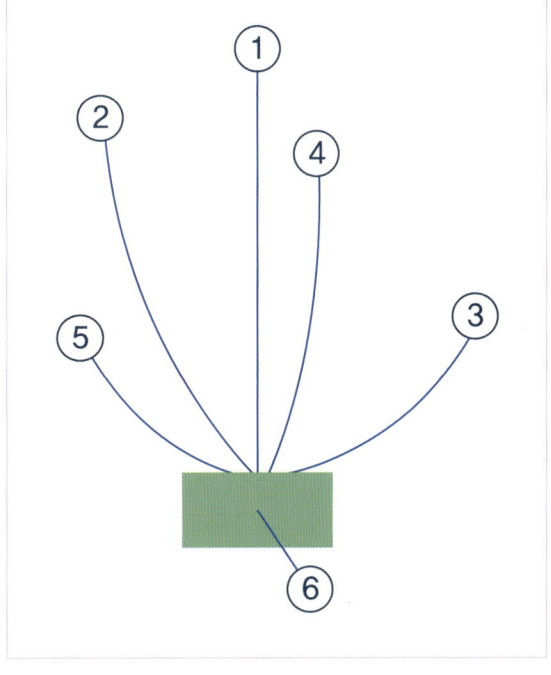

배열도

제2과제 꽃꽂이 · 꽃다발

특징 및 형태

1 직립형은 동양식 꽃꽂이의 가장 기본적인 화형으로 천(天), 지(地), 인(人)의 기본형이다.
2 제1주지는 수직선을 기본으로 바로 세우는 형이며 0~15° 범위 내에서 수직으로 꽂는다.
3 제2주지는 제1주지를 중심으로 왼쪽에 40~60°로 꽂는다.
4 제3주지는 제1주지를 중심으로 오른쪽에 70~90°로 꽂는다.
5 제1주지, 제2주지, 제3주지의 선 끝 정점을 연결했을 때 부등변 삼각형의 형태를 이룬다.

주의사항

1 화기에 침봉을 깔고 물을 침봉 위로 충분히 붓는다.
2 주지를 순서대로 꽂는다.
3 꽃이 서로 마주 보도록 꽂는다.
4 직립의 중앙 제1주지 선은 꽃이 피지 않은 몽우리를 가볍게 보이도록 꽂는다.
5 침봉을 가려 준다.
6 침봉에 줄기를 꽂을 때는 사선으로 자른 후 힘을 주어 눌러 꽂는다.

드로잉

제 · 작 · 과 · 정

1주지 : 개나리를 중심에서 0~15° 정도 범위 내에 수직으로 꽂는다.
2주지 : 1주지를 중심으로 40~60° 정도 왼쪽에 꽂는다.
3주지 : 1주지에서 70~90° 정도 오른쪽에 수평으로 꽂는다.

장미를 개나리보다 낮게 각각의 주지에 맞게 꽂아 균형을 잡는다.

◀ 샴록을 중앙에 낮게 꽂아 무게 중심을 잡는다.

◀ 꽃과 꽃 사이에 소국을 꽂고, 루모라 고사리로 밑부분을 가린다.

경사형 기울인 형

❖ **소재** 소나무, 극락조, 백합, 글라디올러스, 소국, 루모라 고사리

 1주지를 기울이는 형으로 40~60° 내외로 구성된다. 동적이고 경쾌한 운동감을 주는 작품이다. 경사 기본형 외에 변형형(경사 1, 2, 3, 4와 경사 5 응용)이 있으며 경사 변형형은 선의 아름다움을 충분히 살리는 작품이다.

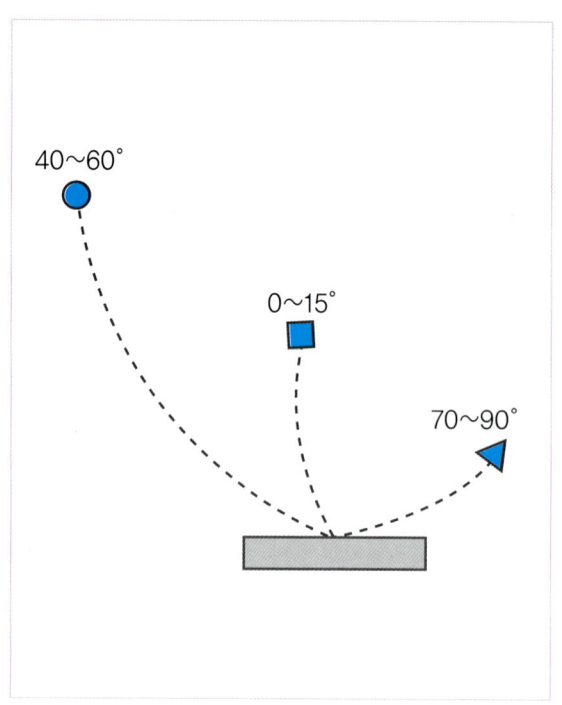

정면도

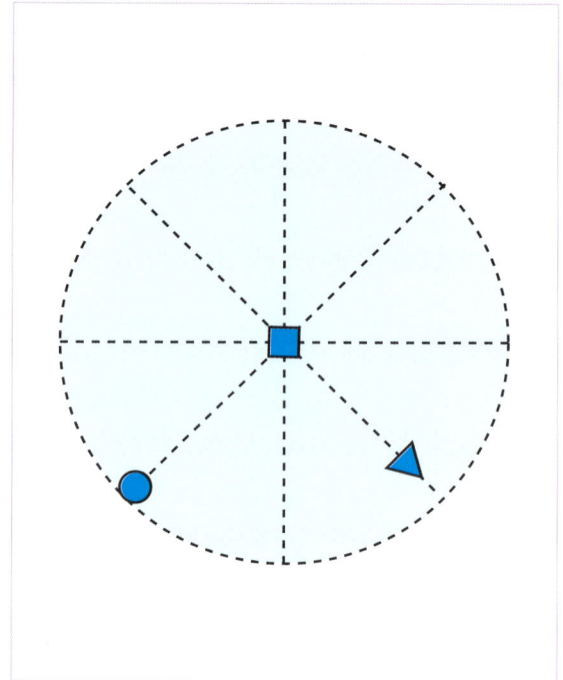

평면도

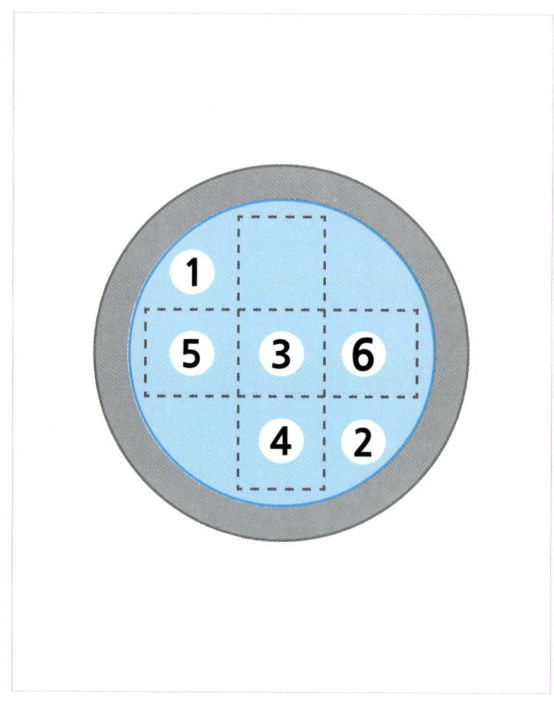

침봉 위치

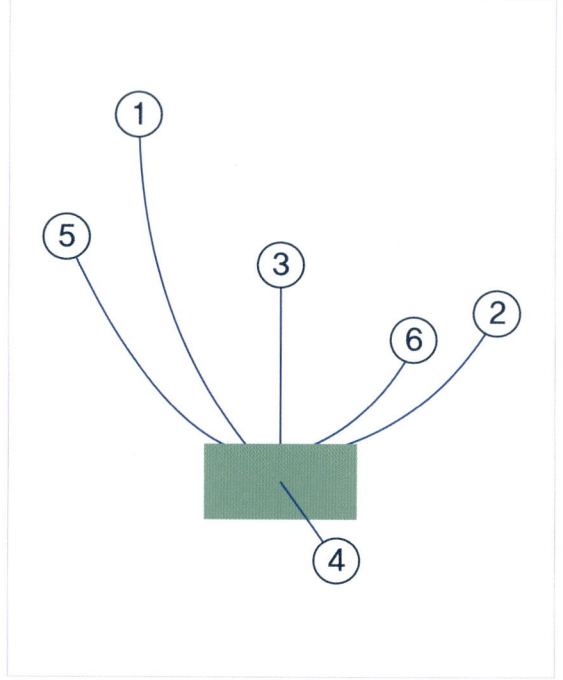

배열도

특징 및 형태

1 주지를 사선으로 기울이는 화형으로 경쾌한 운동감을 주는 형이다.
2 1주지는 수직선과 약 40~60°의 각도를 준다.
3 2주지는 수직선을 중심으로 0~15° 정도 내에서 중앙에 꽂는다.
4 3주지는 수직선에서 약 70~90° 정도 오른쪽 방향으로 꽂는다.
5 경사형은 직립형에서 1주지와 2주지의 위치를 바꾸어 준 형이다. 2주지(0~15°)는 1주지(40~60°)보다 낮고(2/3 정도) 약하게 꽂는다.

주의사항

1 화기에 침봉을 깔아 준다.
2 물을 침봉 위로 충분히 올라오도록 채워 준다.
3 꽃이 서로 마주 보도록 꽂는다.
4 꽃의 줄기는 사선으로 자른다.
5 자른 윗부분을 먼저 꽂고 눌러 세워 준다.
6 고정이 잘 안 되는 가는 줄기의 꽃들은 다른 줄기를 잘라 지지대를 만들어 고정한다.

드로잉

제 · 작 · 과 · 정

1주지 : 소나무를 40~60° 정도 기울여 꽂는다.
2주지 : 소나무를 0~15° 바로 중앙에 세워 꽂는다.
3주지 : 소나무를 70~90°로 수평으로 눕혀 꽂는다.

주지의 화형에 따라 극락조를 꽂고, 루모라 고사리로 침봉이 보이지 않도록 가린다.

⬆ 백합을 중심에 낮게 꽂고, 글라디올러스를 주지의 화형에 따라 극락조보다 낮게 꽂는다.

⬆ 소국으로 낮게 빈 공간을 메우며 꽂아 마무리한다.

하수형 흘러내리는 형

❖ **소재** 오동추 라인, 호접란, 벙크시아, 리시안서스, 설유화

 1주지가 화기 아래로 흘러내리는 형이다. 동선이 비교적 큰 원의 형태를 가지고 있으며 화려함과 아름다운 선을 형성한다. 목이 긴 화기를 사용해야 아래로 흐르는 소재를 꽂을 수가 있다. 소재 선택에 따라 작품의 표현이 달라진다.

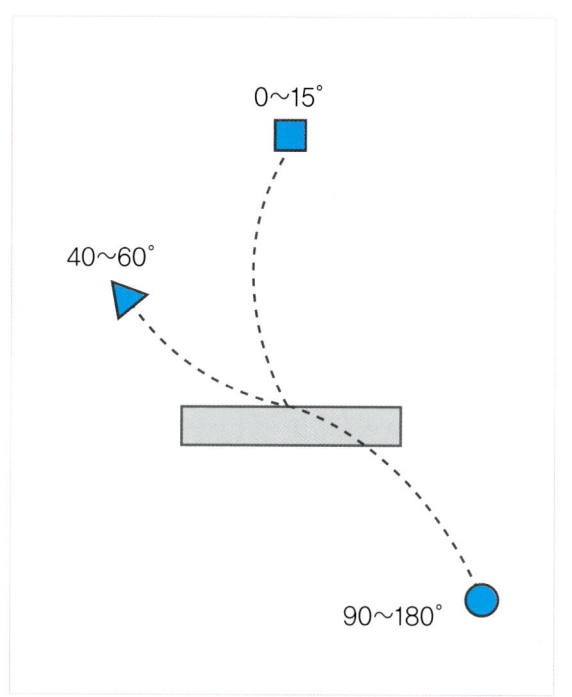

정면도

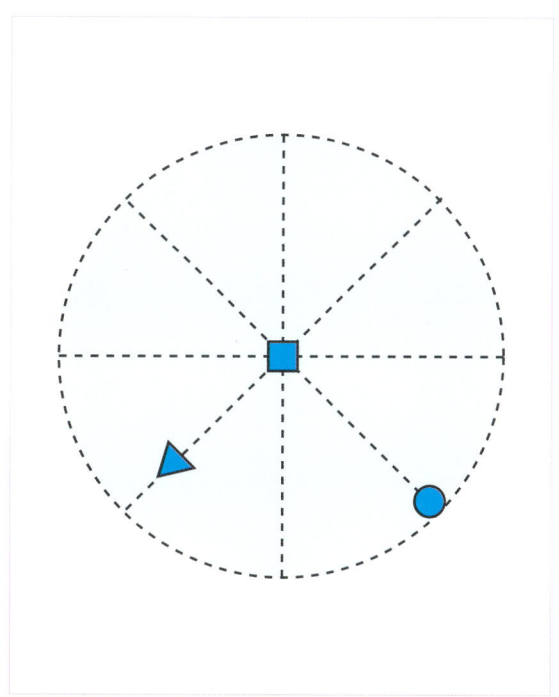

평면도

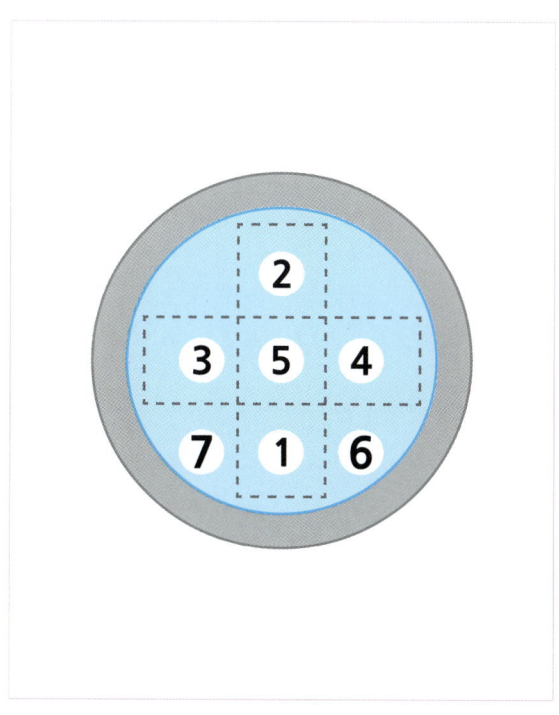

침봉 위치

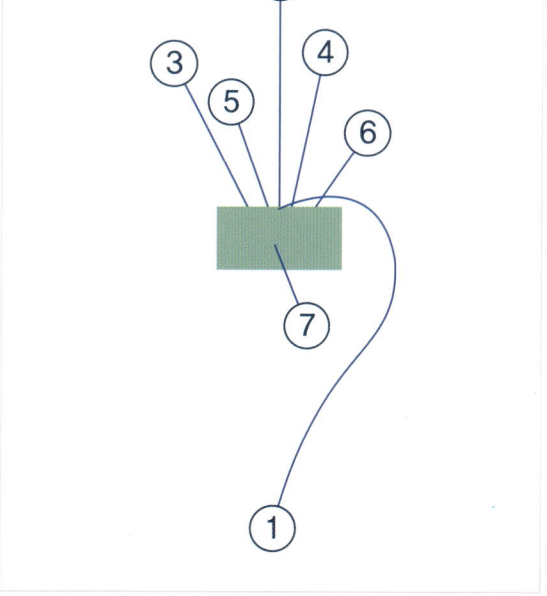

배열도

특징 및 형태

1 1주지의 선이 90~180° 아래로 떨어진다.
2 2주지선은 0~15° 수직으로 세운다.
3 3주지선은 40~60° 사선으로 세운다.

주의사항

1 하수형은 1주지의 선이 화기 아래로 흘러내리듯 오도록 소재 선택에 신경을 쓴다.
2 화기는 긴 형태를 선택한다.
3 침봉에 물이 잠기도록 채워 준다.
4 줄기는 사선으로 자른다.
5 아래로 흐르는 선의 소재가 너무 무겁고 강하면 형태가 무거워 보이므로 주의한다.

드로잉

제 · 작 · 과 · 정

1주지의 선을 골라 90~180° 아래로 떨어뜨리듯 흐르게 꽂는다.
2주지, 3주지는 1주지에 맞게 전체 라인이 물결 흐르듯 한 느낌이 되도록 한다. 2주지는 0~15° 수직으로 세우고, 3주지는 40~60° 사선으로 세운다.

주지에 맞게 호접란을 꽂아 균형을 잡는다.

◀ 중앙에 낮게 벙크시아를 꽂아 균형을 줘 무게 중심을 잡는다.

◀ 리시안서스를 낮게 꽂고, 설유화로 더욱 조화롭게 리듬을 줘 형태를 살려 준다.

서양 꽃꽂이

- 일정한 원칙과 기법을 기본으로 하여 시간과 장소, 목적에 맞게 꽃을 조형화한다.
- 기하학적 구성으로 전체적인 형태를 중요시하며 화려하고 다양한 색으로 풍성한 느낌을 강조한다.
- 직선 구성, 매스 구성, 곡선 구성, 입체 구성으로 분류할 수 있다.
  - 직선 구성 : 수직형, 수평형, 삼각형, L자형, 역T자형, 대각선형
  - 매스 구성 : 부채형, 원형, 타원형
  - 곡선 구성 : 초승달형, S커브형
  - 입체 구성 : 반구형, 구형, 원추형, 피라미드형

1. 플로럴 폼에 꽂는 요령

① 사선으로 잘라서 정확한 위치를 정하여 한 번에 꽂아야 한다.
② 플로럴 폼 안에서 줄기가 교차되지 않도록 너무 깊지 않게 꽂는다.
③ 줄기의 각도를 바꾸고자 할 때는 그대로 움직이면 플로럴 폼이 부서지므로 다시 꽂도록 한다.
④ 절화를 꽂은 후 높이를 조정하기 위해 줄기를 끌어올리면 플로럴 폼과 줄기 사이에 공기가 들어가 물올림이 나빠진다.

2. 꽃의 형태 분류

꽃을 형태에 따라 분류하면 작품을 구상하고 완성할 때 특성에 맞게 디자인할 수 있어 작품의 완성도를 높일 수 있다.

(1) 웨스턴에서의 분류

- 라인 플라워(line flower) : 꽃줄기가 곧게 뻗어 있어 선을 정확히 표현해 주는 꽃으로 꽃은 줄기 한 대에 한 개 정도 핀다.
  - 예) 금어초, 리아트리스, 글라디올러스, 해바라기, 백합, 말채, 부들, 용담, 버들 종류 등과 같이 선을 강조할 때 쓰는 소재들이 있다.
- 폼 플라워(form flower) : 꽃이 피었을 때 크고 화려하며 한 송이로도 충분한 가치를 품어내는 꽃으로 전체 작품 가운데 가장 돋보이는 역할을 하는 비중 있는 꽃이다. 주로 작품 속에서 포컬 포인트(focal point)를 담당한다.
  - 예) 백합, 안수리움, 장미, 작약, 수국 등 작품을 강조하기 위해 쓰는 꽃들을 일컫는다.
- 매스 플라워(mass flower) : 작품의 완성도를 높여 주는 데 필요한 꽃이며 작품의 전체적인 조화를 이루는 데 중요한 역할을 담당한다.
  - 예) 장미, 거베라, 카네이션, 달리아, 아네모네, 라넌큘러스, 리시안서스 등. 이 밖에도 덩어리가 큰 꽃들이 있다.

- 필러 플라워(filler flower) : 한 줄기에 여러 개의 가지와 꽃잎이 잔잔하게 달려 있는 꽃이다. 꽃과 꽃 사이에 공간을 확보하여 자칫 라인(line)과 매스(mass) 꽃들로 답답해 보일 수 있는 부분들에 여유를 주는 역할을 한다.
  - 예) 스타티스, 소국, 안개꽃, 아스틸베, 아미, 아킬레아 등. 이 밖에도 잔잔한 가지의 꽃들이 있다.
- 그린(green) 소재 : 꽃을 제외한 녹색 잎들을 말한다. 꽃만 있을 때 느끼는 답답함을 해소해 주며 작품에 싱그러움을 더해 주는 역할을 한다. 선을 강조할 때 그린 소재를 이용하는 경우도 있다.
  - 예) 네프로레피스, 잎새란, 황금사철, 유칼립투스, 루스쿠스, 루모라 고사리, 호엽란, 아스파라거스, 엽란, 몬스, 편백 등이 있다.

(2) 유러피언에서의 분류
- 대가치 : 줄기가 강하고 굵으며 한 줄기만으로도 충분히 가치가 있는 꽃을 말한다. 웨스턴에서의 라인 플라워에 해당한다.
  - 예) 극락조, 글라디올러스, 해바라기, 금어초, 칼라 등
- 중가치 : 작품 중심에 영향을 주는 꽃으로 대가치보다 꽃의 얼굴에 무게가 있다. 웨스턴에서의 폼, 매스 플라워에 해당한다.
  - 예) 장미, 수국, 작약, 백합, 매리골드, 카네이션 등
- 소가치 : 작은 꽃잎들로 이루어진 꽃을 말한다. 주로 꽃들 사이에서 중간 역할을 하며 부피감을 주고 공간을 마련해 준다.
  - 예) 소국, 아스틸베, 아미, 아게라툼, 니겔라, 공작초 등

3. 기준
① 제2과제는 55점 만점으로(1과제와 합산하여 백점 만점에 60점 이상이면 합격) 작업 시간은 40분이다.
② 필기 합격자에 한해 실기 원서 교부와 함께 꽃 소재가 공지되며, 시험 유형은 당일 시험 장소에서 제시된다.
③ 13개 항목으로 나누어 채점된다(기술적인 면과 조형적인 면).
④ 화기에 플로럴 폼이 제대로 세팅되었는지 확인한다.
⑤ 플로럴 폼에 3~4cm 정도 단단히 고정되었는지 확인한다.
⑥ 정확한 형태를 표현했는지 확인한다.
⑦ 베이스는 제대로 가려져 있는지 확인한다.
⑧ 소재는 제시된 대로 충분히 사용했는지 확인한다.
⑨ 또한 전체적인 조화, 비율, 통일감, 테크닉, 제한 시간, 태도, 마무리 등에 대한 것으로 한다.

대칭 삼각형 Symmetrical triangular style

❖ **소재** 황금사철, 백합, 장미, 소국, 리시안서스

 가장 무난하게 사용되는 정통 클래식 스타일의 기본형인 대칭형 디자인은 안정감과 함께 고전적인 우아함을 전해 준다. 호텔 로비 등과 같은 중후한 느낌의 장소에 많이 장식되는 디자인 형태이다.

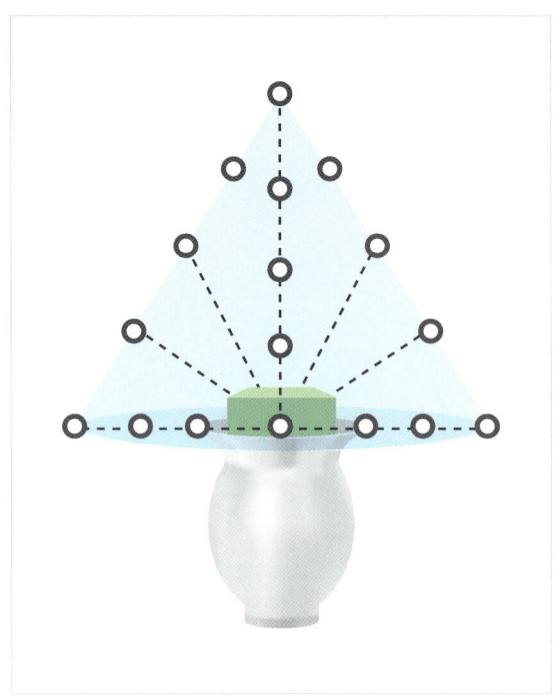

정면도

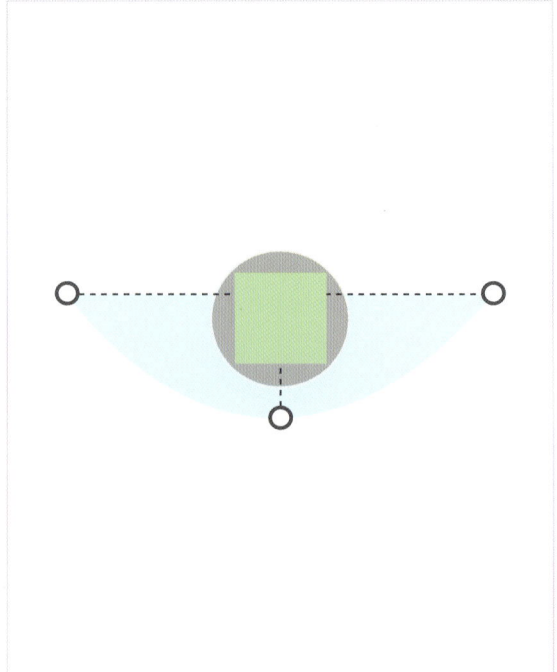

평면도

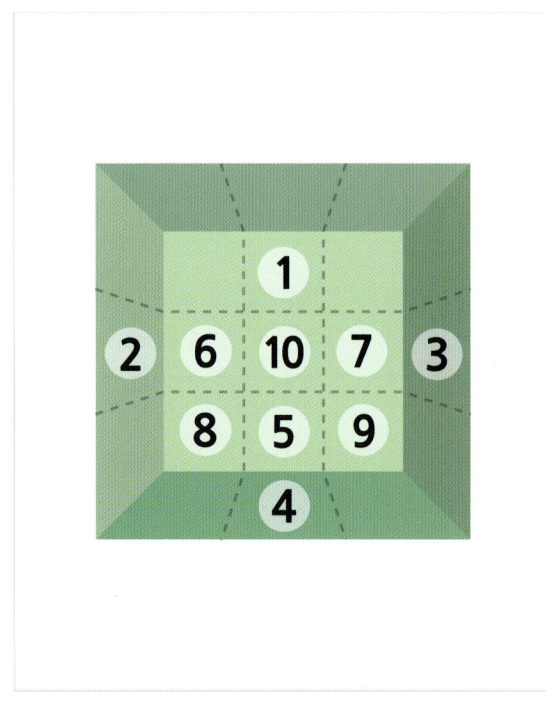

플로럴 폼 위치

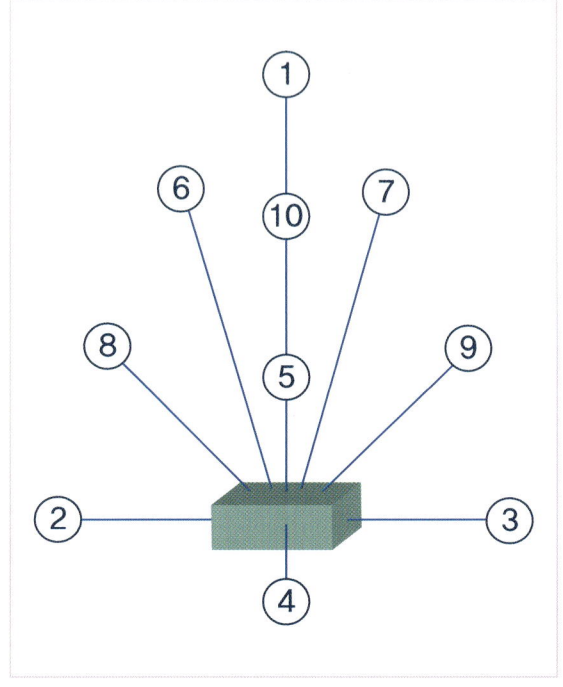

배열도

특징 및 형태

1 좌우로 완전한 대칭을 이룬다.
2 중심축이 정중앙에 오도록 한다.
3 삼각형 양쪽 변의 길이가 같아야 한다.
4 모든 소재들은 삼각형의 구도 안에 들어 있어야 한다.
5 안정감 있는 정통 스타일이다.
6 앞면 위주의 작품이다.
7 모든 소재는 중심축을 중심으로 방사 형태로 꽂는다.

주의사항

1 대칭 삼각형은 양면의 구도가 맞아야 하며 눈으로 볼 때 안정감이 들도록 한다.
2 앞면 위주의 작품이다 보니 꽃들을 너무 앞으로 꽂다 보면 무게감이나 소재들이 앞으로 쏠리는 경향이 있으므로 중심축을 꽂을 때 플로럴 폼의 뒷쪽에 꽂도록 주의한다.

꽃의 형태 분류

라인 플라워 : 황금사철 매스 플라워 : 장미, 리시안서스
폼 플라워 : 백합 필러 플라워 : 소국

드로잉

제 · 작 · 과 · 정

↑ 중심축이 되는 황금사철을 화기의 길이보다 1.5~2배 정도 길게 잘라 플로럴 폼의 중심에서 뒷쪽 2/3 지점에 수직으로 꽂는다. 양옆의 황금사철은 중심축이 되는 황금사철의 1/2 정도 길이로 짧게 잘라 플로럴 폼의 측면에서 수평으로 꽂는다.

↑ 포컬 포인트로 백합을 꽂아 주고, 장미는 황금사철 길이보다 약간 짧게 꽂는다.

⬆ 리시안서스를 장미보다 낮게 꽂고, 필러 소재인 소국을 폼과 매스 소재 사이사이에 꽂는다.

⬆ 공간이 비어 있는지 확인하며 소재들을 색상과 비율에 맞게 꽂는다.

비대칭 삼각형 Asymmetrical triangular style

❖ **소재** 말채, 장미, 거베라, 백합, 황금사철, 소국

　비대칭은 좌우가 비대칭인 구도를 말한다. 대칭형과 달리 좌우의 길이가 서로 다르지만 눈으로 봤을 때 시각적 균형을 이루어야 한다.

정면도

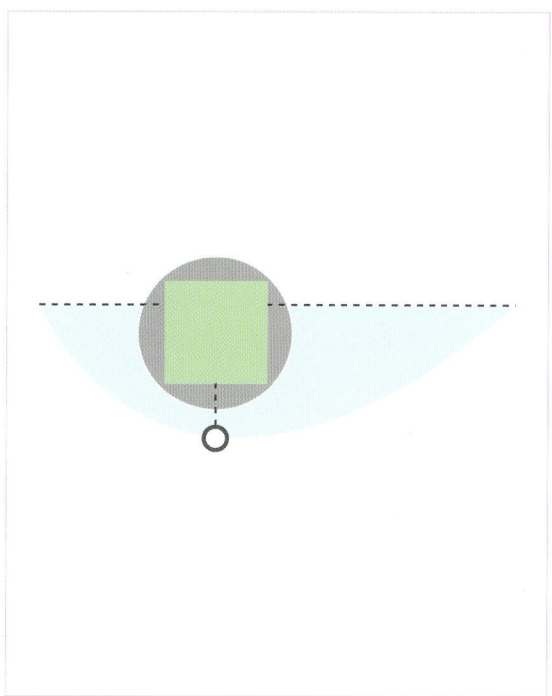

평면도

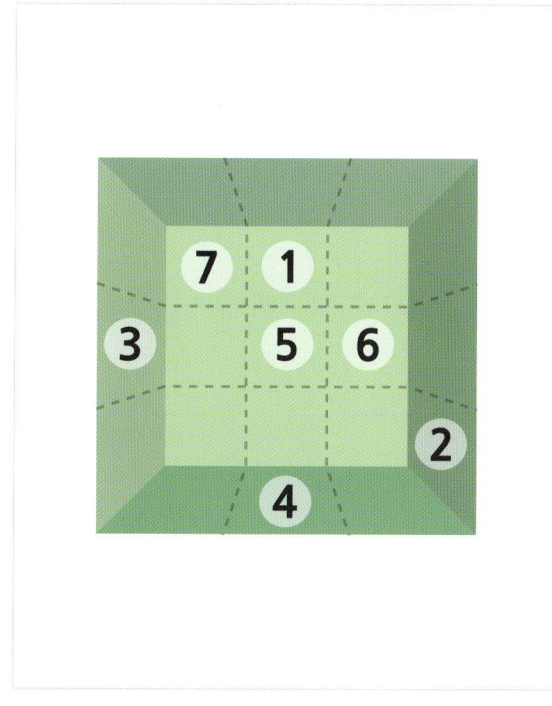

플로럴 폼 위치

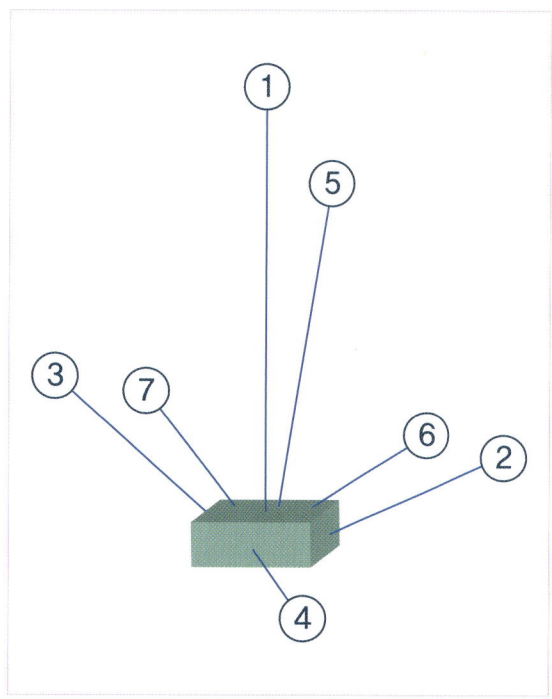

배열도

제2과제 꽃꽂이 · 꽃다발

특징 및 형태

1 비대칭 직선으로 구성된 디자인 형태이다.
2 세 선의 끝 정점을 이으면 부등변 삼각형이 된다.
3 각 선의 길이 비율은 3 : 5 : 8이다.
4 중심축을 중심에서 2/3 옆으로 이동해 준다.
5 대칭 형태보다 디자인적인 형태이다.
6 시각적으로 균형을 이루도록 무게 중심을 잡아 준다.

주의사항

1 비대칭 삼각형은 세 변의 길이가 각각 다르기 때문에 무게 중심에 신경을 써야 한다.
2 한쪽을 너무 무겁게 보이거나 어두운 색의 꽃으로 꽂을 경우 한쪽으로 치우쳐 무거워 보일 수 있기 때문에 소재를 선택할 때 주의한다.
3 중심축의 이동에 신경을 쓴다.
4 비대칭 삼각형의 응용형일 경우엔 부드럽고 가벼운 소재를 선택하는 것도 한 방법이다.

꽃의 형태 분류

라인 플라워 : 말채　　　매스 플라워 : 장미, 거베라
폼 플라워 : 백합　　　　필러 플라워 : 소국
그린 소재 : 황금사철

드로잉

제 · 작 · 과 · 정

◀ 말채를 비대칭 삼각 형태로 꽂는다. 황금사철을 말채보다 낮게 비대칭 삼각 형태에 따라 꽂는다.

◀ 장미를 황금사철보다 낮게 꽂고, 포컬 포인트로 백합을 중심에 낮게 꽂는다.

3

◂ 거베라를 장미보다 낮게 꽂는다.

4

◂ 소국과 남은 황금사철로 빈 공간을 채워 마무리 한다.

역T형 Inverted T style

❖ **소재** 금어초, 백합, 장미, 리시안서스, 소국, 황금사철

진취적이며 생동감이 있는 형태이고 선이 매우 간결하다. 영어의 알파벳 T자를 역으로 해서 붙여진 이름이다.

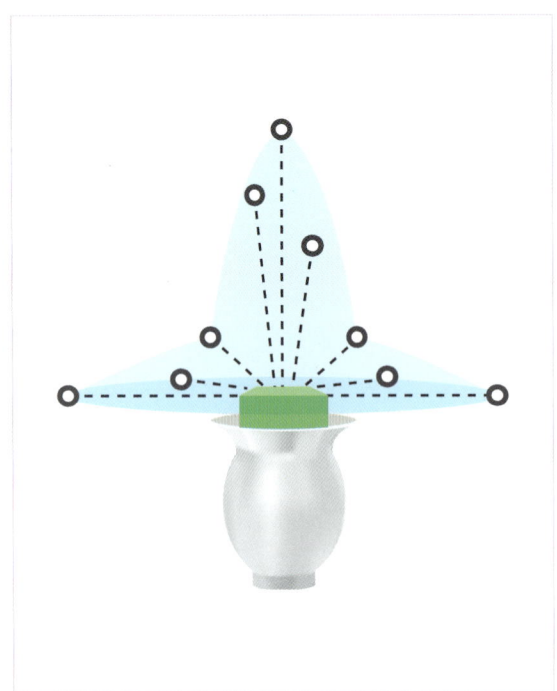

정면도

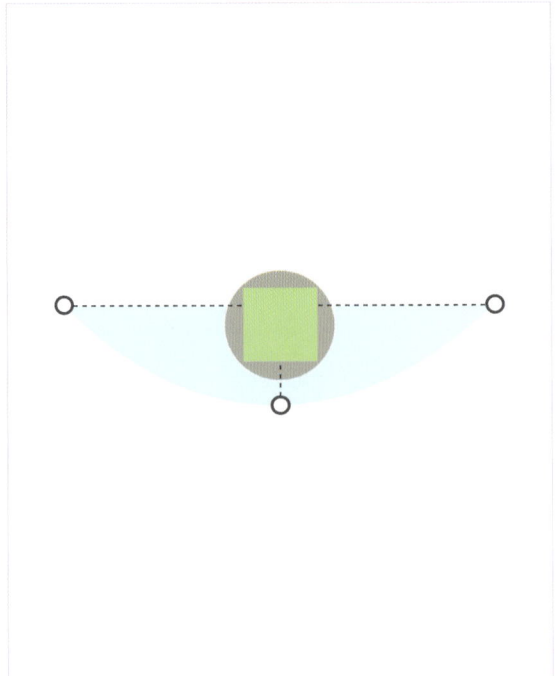

평면도

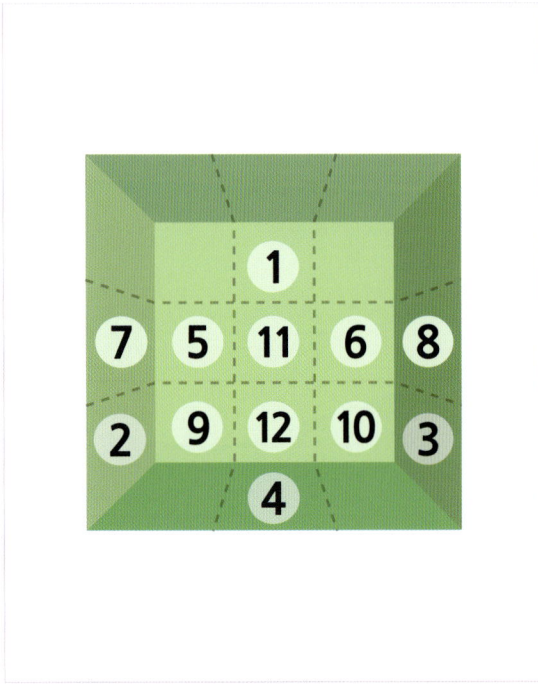

플로럴 폼 위치

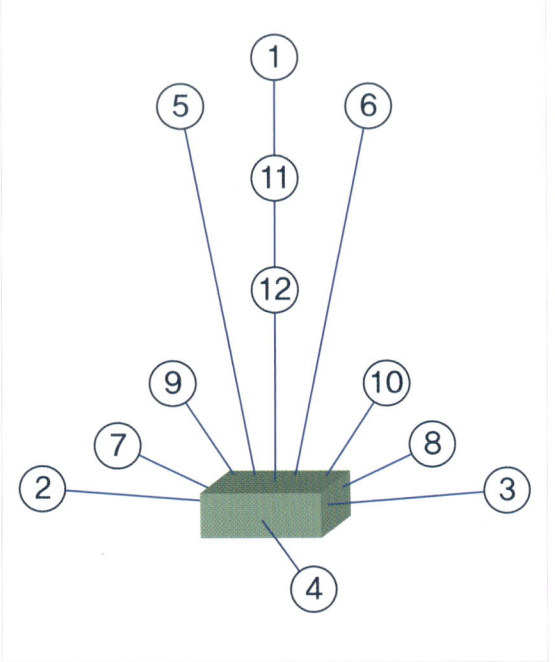

배열도

특징 및 형태

1. 역T자 형태는 영문 T를 거꾸로 구성한 디자인이다.
2. 수직선과 수평선이 예리하고 강한 느낌을 주는 간결하고 세련된 디자인이다.
3. 좌우 대칭으로 균형을 이루는 도시적인 디자인이다.
4. 비대칭도 가능하다.
5. 앞면 위주의 작품이다.
6. 작품 중심에 포컬 포인트를 준다.

주의사항

1. 수직선과 수평선이 정확하게 구별되고 강조되어야 한다.
2. 중심 부분에 너무 부피감을 주어 형태가 커지지 않도록 한다.
3. 초점 부분은 안정감을 주기 위해 크고 진한 소재를 선택하는 것이 좋다.

꽃의 형태 분류

라인 플라워 : 금어초   매스 플라워 : 장미, 리시안서스   그린 소재 : 황금사철
폼 플라워 : 백합   필러 플라워 : 소국

드로잉

제 · 작 · 과 · 정

1

← 금어초를 역T자 골격으로 꽂는다. 중앙 소재의 길이는 화기 길이의 1.5~2배 정도 길게 꽂으며, 양쪽 수평 소재의 길이는 중앙 소재의 길이보다 1/2 짧은 길이로 꽂아 세 끝점을 맞춘다.

2

← 포컬 포인트로 백합을 중심에 낮게 꽂고, 장미를 역T자 모양이 되게 길이에 변화를 주며 수직·수평으로 자유롭게 꽂는다.

← 리시안서스를 장미보다 낮게 꽂는다.

← 소국을 높낮이를 주어 형태를 벗어나지 않게 꽃 사이사이에 꽂아 깊이감을 주어 마무리한다.

L형 L style

❖ **소재** 글라디올러스, 백합, 장미, 리시안서스, 소국, 황금사철

전체적인 구성은 영어 알파벳 L자 형태이며 수직과 수평의 만남이다.

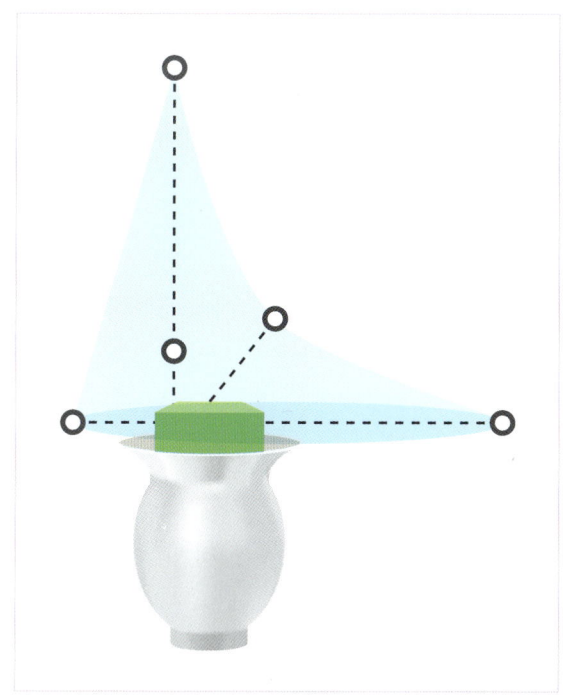

정면도

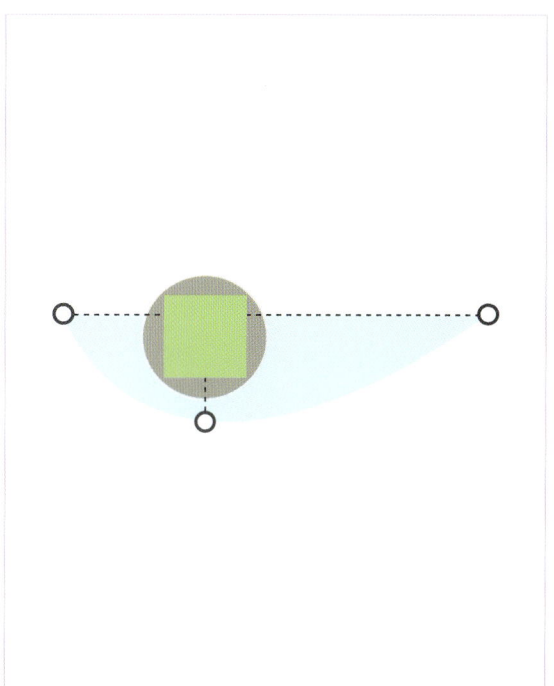

평면도

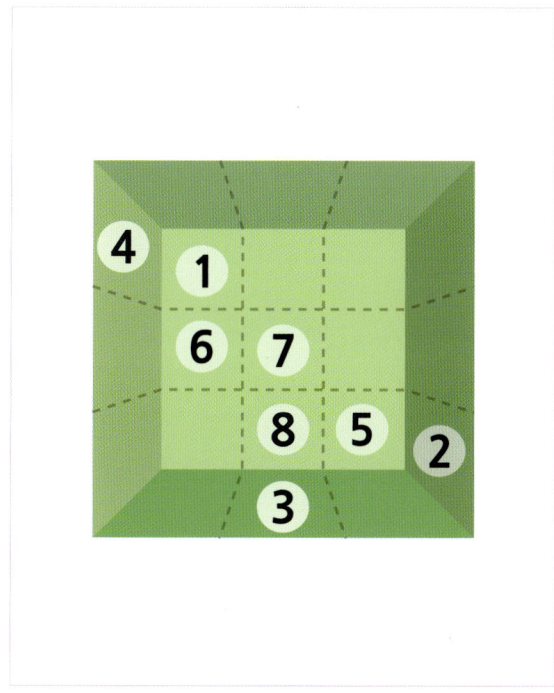

오아시스 위치

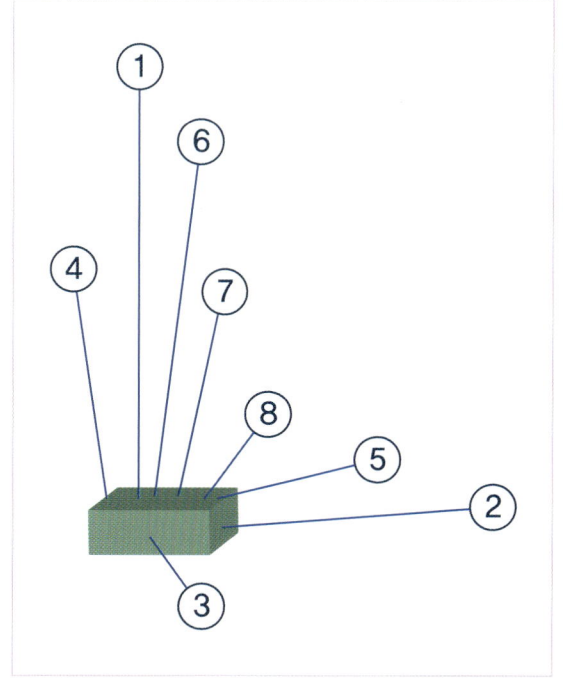

배열도

특징 및 형태

1 알파벳 L자를 연상시키는 아름답고 우아한 비대칭 형태이다.
2 수직과 수평의 간결한 만남이다.
3 L자 형태의 완벽한 구도를 형성하지만 응용 디자인의 형태는 기본형의 딱딱함에서 벗어나 선이 부드러워진다.

주의사항

1 화기의 높이와 폭에 따라 수직선과 수평선의 길이가 달라지지만 기울어져 보이지 않게 균형을 잘 이루어 꽂는다.
2 삼각형으로 보일 수도 있으므로 수직선과 수평선을 또렷하게 표현해야 하며, 중심 부분에 부피감을 너무 주면 풍만해져서 L자 형태가 잘 살아나지 않는다.
3 형태의 장점을 잘 살려 간결하고도 세련되게 꽂는다.
4 디자인 형태에 맞게 소재를 선택하는 것도 작품을 아름답게 완성하는 데 도움이 된다.
5 L자 형태가 또렷하게 보이는 간결하고 현대적인 디자인 형태가 되도록 한다.

꽃의 형태 분류

라인 플라워 : 글라디올러스　　　매스 플라워 : 장미, 리시안서스
폼 플라워 : 백합　　　　　　　　필러 플라워 : 소국
그린 소재 : 황금사철

드로잉

제·작·과·정

1

①번 선을 글라디올러스로 중심에 꽂고, 수평으로 ②번 선을 ①번 선의 1/2의 길이로 L자 형태가 되게 한다.

2

백합을 중심에 낮게 꽂고, 형태에 맞게 장미를 3 : 5 : 8의 비율로 생동감 있게 꽂아 조화롭게 보이도록 한다.

◀ 리시안서스를 장미 아래로 두고 서로 균형 있고 조화롭게 보이도록 높낮이를 조절한다.

◀ 필러 소재인 소국과 그린 소재인 황금사철로 꽃과 꽃 사이를 채워 주며 마무리한다.

수평형 Horizontal style

❖ **소재** 네프로레피스, 백합, 장미, 소국, 공작초, 황금사철, 루모라 고사리

　수평형 작품은 흔히 볼 수 있는 사방화이다. 주로 테이블에 사용하며, 식탁이나 회의용 테이블에 놓는 경우 강한 향이 나는 소재는 피한다. 선이 날카로운 소재를 사용하거나 또는 복잡한 디자인으로 구성할 경우 자칫 그날의 분위기를 망칠 수 있으므로 소재를 선택할 때 세심한 주의가 필요하다.

정면도

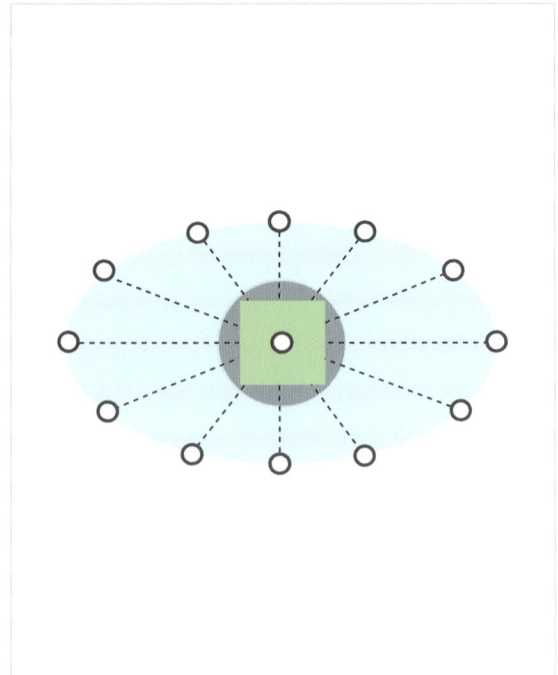

평면도

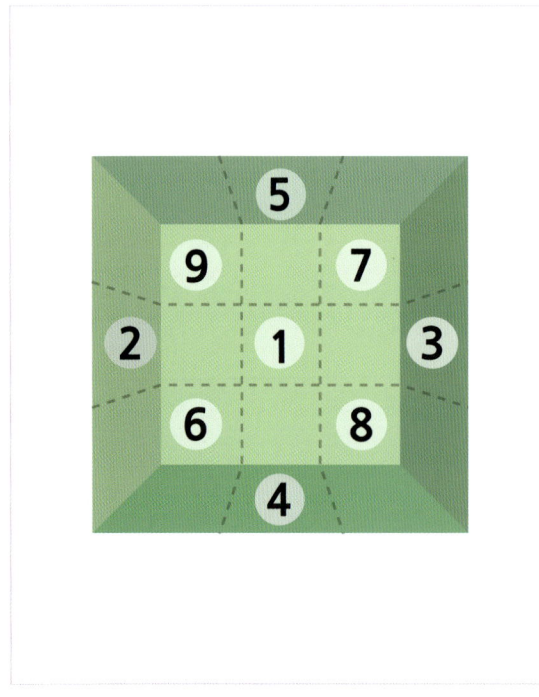

플로럴 폼 위치

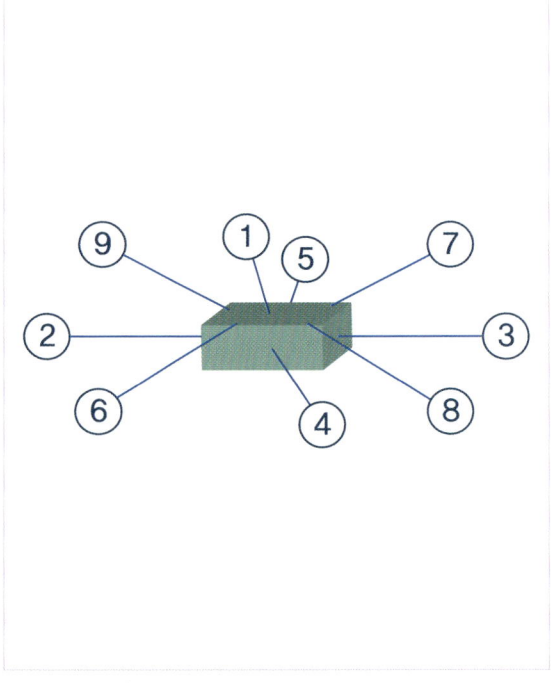

배열도

특징 및 형태

1 수직이 짧고 수평으로 긴 작품이다.
2 회의, 식사 테이블에 많이 사용하는 작품이다.
3 사방에서 볼 수 있는 올라운드(전체적인) 작품이다.
4 안정감이 들며 평면적인 작품이다.
5 대칭과 비대칭이 가능하다.

주의사항

1 안정감이 들도록 테이블 바닥에 작품이 일치하도록 한다.
2 주로 행사 때 많이 사용하는 화형이며 작품이 테이블에서 너무 높지 않도록 주의한다.
3 놓을 장소와 행사 목적을 잘 파악해서 작품과 소재를 선택하는 것이 중요하다.
4 향이 너무 강하거나 직선이 강한 소재는 피하는 것이 좋다.

꽃의 형태 분류

라인 플라워 : 네프로레피스
폼 플라워 : 백합
그린 소재 : 루모라 고사리, 황금사철

매스 플라워 : 장미
필러 플라워 : 공작초, 소국

드로잉

제 · 작 · 과 · 정

⬆ 네프로레스피와 루모라 고사리를 아래로 흐르듯 양쪽으로 길게 수평으로 안정감 있게 꽂아 준다.

⬆ 공작초를 수평 형태에 맞게 고루 꽂는다.

↑ 백합을 수평에 맞게 꽂는다. 수평 길이의 1/2 정도 위치에 수직으로 꽂아 포컬 포인트로 균형을 잡아 준다.

↑ 장미를 수평의 구도에 맞춰 높낮이를 주며 꽂고, 소국과 황금사철을 꽃과 꽃 사이에 꽂아 서로 깊이감이 들도록 마무리한다.

초승달형 Crescent style

❖ **소재** 백합, 리시안서스, 소국, 갯버들, 금어초

　초승달 모양의 날렵한 선이 돋보이는 작품으로 3 : 5 : 8의 황금 비율이 가장 적합한 작품이며 비대칭적인 디자인이지만 대칭도 가능하다. 또한 초승달 모양이 안정감 있는 수평적인 디자인과 초승달이 서 있는 듯한 형태나 반대로 아래로 엎어지는 듯한 디자인도 있다. 각 구도에 따라 다양한 디자인을 구성할 수 있는 세련된 크레센트(초승달형) 디자인이다.

정면도

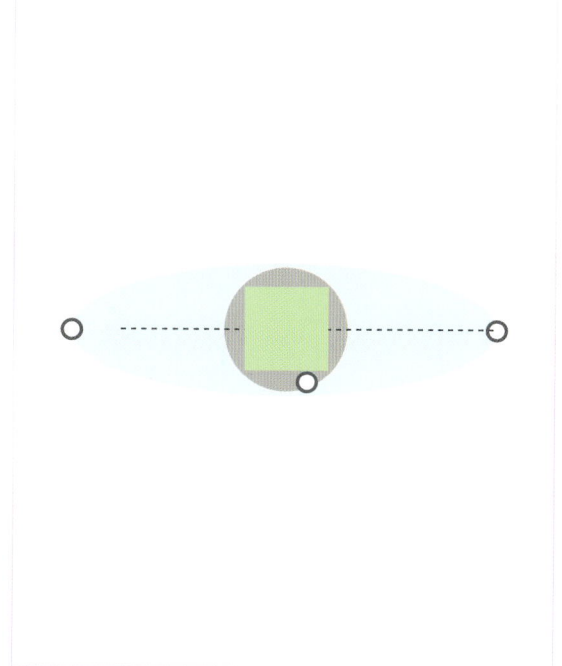

평면도

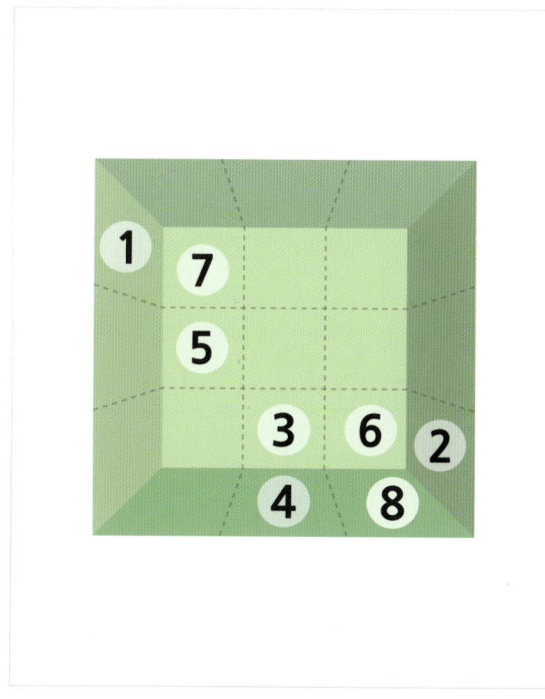

플로럴 폼 위치

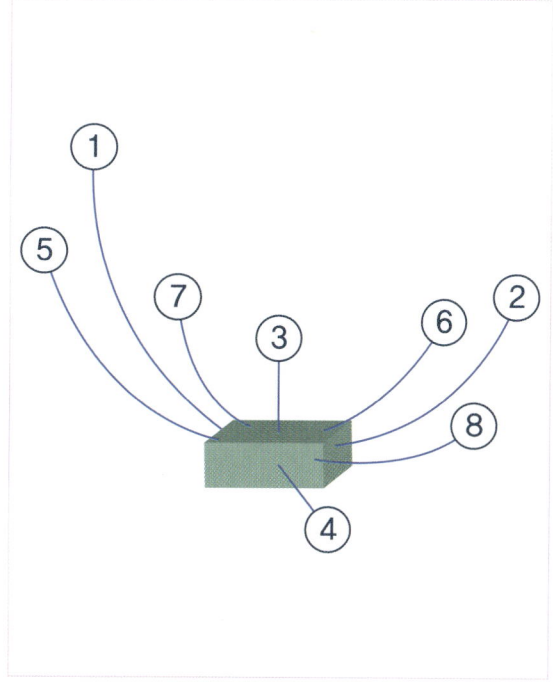

배열도

제2과제 꽃꽂이 · 꽃다발 85

특징 및 형태

1 3 : 5 : 8의 황금 비율을 가진 형태이다.
2 자연적인 곡선을 가진 디자인으로 곡선의 미를 살릴 수 있다.
3 초승달과 같은 이미지로 공간의 균형을 아름답게 연출할 수 있는 어레인지먼트이다.
4 앞면 위주의 작품이다.
5 살아 움직이는 듯한 작품이다.

주의 사항

1 3 : 5 : 8의 비율이 잘 맞게 꽂아야 한다.
2 율동감이 있는 디자인으로 부드러운 곡선의 형태가 완만하고 너무 무거워 보이지 않아야 한다.
3 초승달의 외곽선의 형태를 이루고 있으며 끝 부분이 부드럽고 날렵하며 가볍게 보이도록 한다.
4 선과 선 사이 눈의 촛점 안에 빈 공간이 차지하는 여백의 미가 돋보이는 작품이므로 가벼운 소재를 택하는 것이 좋다.

꽃의 형태 분류

라인 플라워 : 갯버들   매스 플라워 : 리시안서스, 금어초
폼 플라워 : 백합   필러 플라워 : 소국

드로잉

제 · 작 · 과 · 정

↑ 갯버들을 초승달 형태가 되게 사선으로 45°와 90°로 양쪽에 꽂아 균형과 안정감을 준다. 백합으로 중앙 낮게 무게를 주어 중심을 잡아 준다.

↑ 형태에 따라 갯버들로 부피감을 준다.

↑ 금어초로 구체적인 윤곽을 잡으며 꽂아 균형이 흐트러지지 않도록 배열한다.

↑ 리시안서스를 금어초보다 짧게 꽂고, 소국으로 빈 공간을 메워 주고 높낮이로 길이감을 주어 마무리한다.

반구형 Dome style

❖ **소재** 장미, 스톡, 소국, 불로초(꿩의비름), 루스쿠스

신부화로도 사용되는 반구형은 안정적이며 인테리어 소품 장식과 웨딩 장식에도 많이 사용된다.

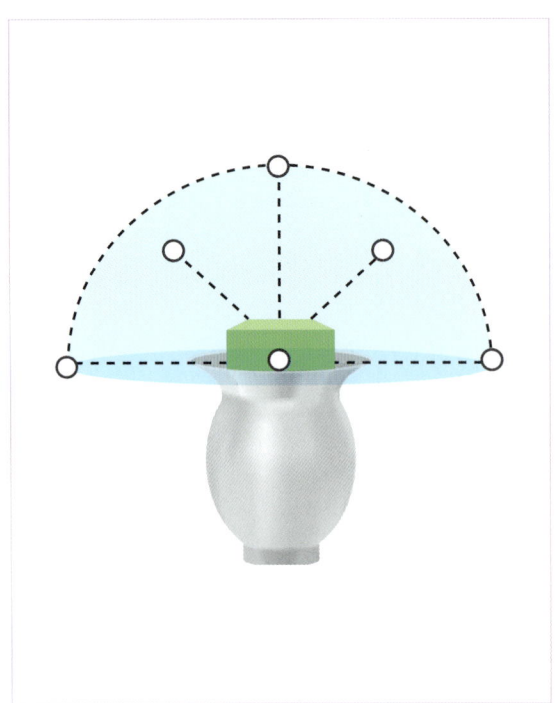

정면도

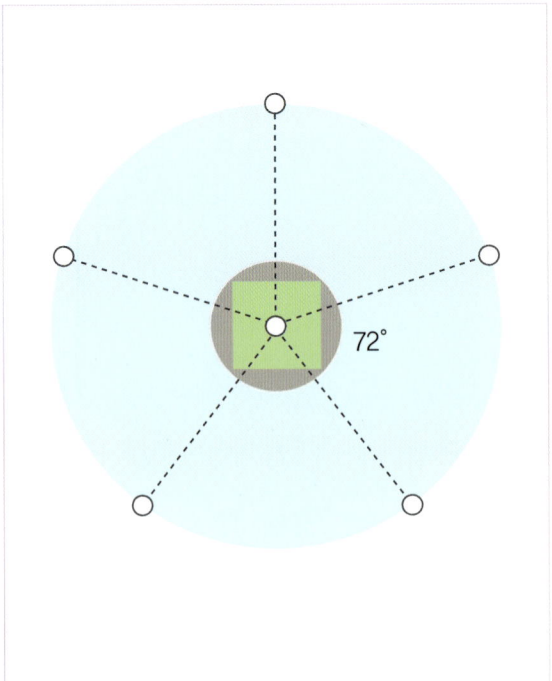

평면도

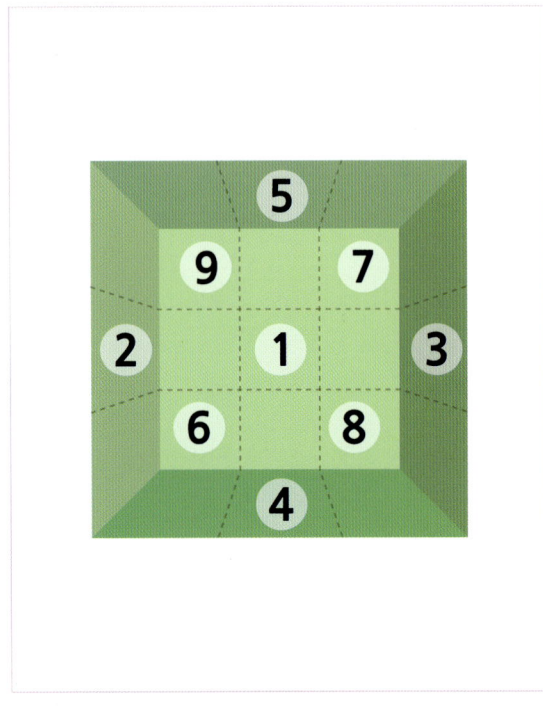

플로럴 폼 위치

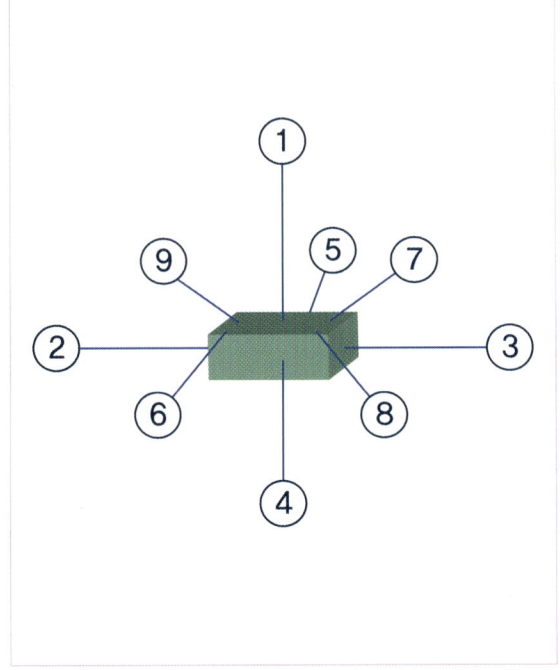

배열도

특징 및 형태

1 테이블 장식의 대표적인 형태로 높이와 길이가 같은 형태이다.
2 반구형은 방사상 줄기 배열의 디자인이다.
3 경제적이고 실용적인 디자인이며 밝고 즐거운 느낌을 준다.
4 모든 각도에서 볼 수 있는 개방형 디자인이다.

주의 사항

1 반구 형태가 완만하도록 꽃은 전체적으로 골고루 꽂는다.
2 폼 또는 매스와 같은, 공간을 채워 줄 수 있는 꽃 소재를 선택한다.
3 꽃과 꽃 사이에 필러와 그린 소재들을 꽂아 주어 꽃 얼굴이 서로 닿지 않도록 주의한다. 꽃 사이에 그린 소재를 꽂으면 훨씬 더 꽃을 돋보이게 할 수 있다.

꽃의 형태 분류

매스 플라워 : 스톡   폼 플라워 : 장미
필러 플라워 : 소국, 불로초   그린 소재 : 루스쿠스

드로잉

제·작·과·정

플로럴 폼 중심에 낮게 장미를 꽂고 수평으로 반구 형태가 되도록 돌려 가며 완만한 구 형태를 이루도록 한다.

장미 사이사이에 스톡을 면을 분할해 가며 꽂아 길이를 조정한다.

◀ 장미와 스톡 사이사이의 공간을 채우듯 소국을 꽂는다.

◀ 루스쿠스를 꽃과 꽃 사이사이에 깊이감을 주며 꽂은 다음, 불로초로 양감을 더해 주며 부드럽게 마무리해 준다.

원추형 Cone style

❖ **소재** 황금사철, 장미, 리시안서스, 소국

 콘형(원추형)으로 구성된 비잔틴식의 중세적인 느낌을 주는 디자인이다. 원뿔 형태의 전체적인 구도가 특징이며 피라미드형이나 삼각형의 디자인과도 흡사하다. 원뿔형은 아랫부분이 원(구)의 형태로 사방에서 보이는 디자인이다.

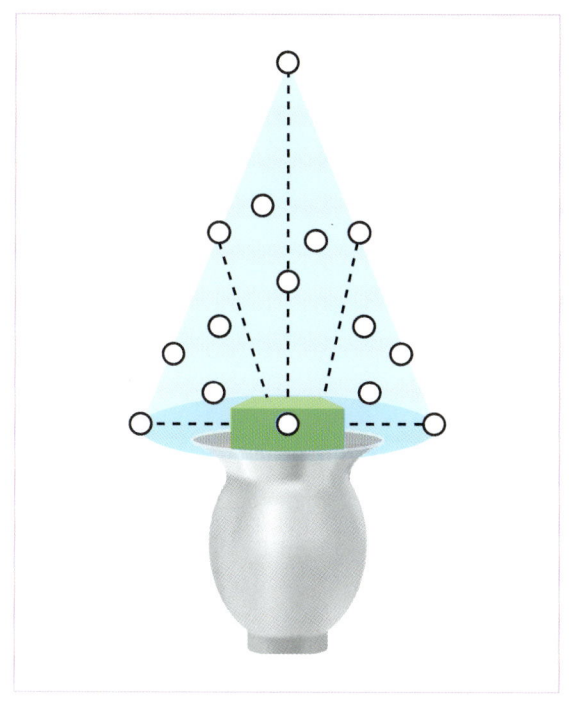

정면도

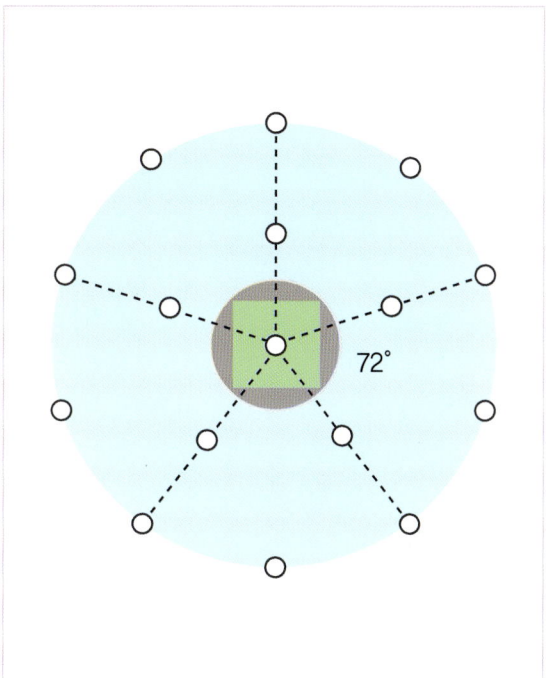

평면도

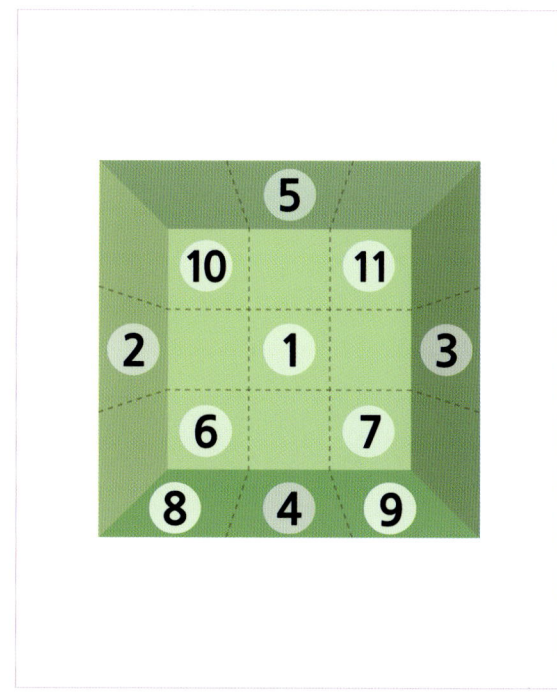

플로럴 폼 위치

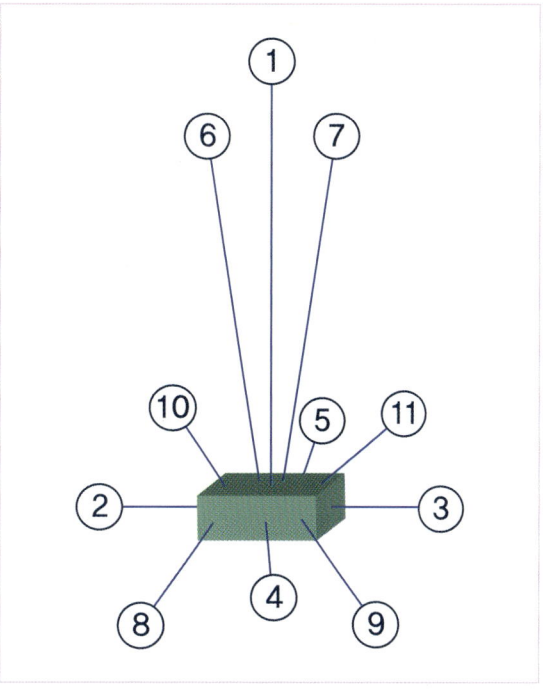

배열도

제2과제 꽃꽂이 · 꽃다발

특징 및 형태

1. 원뿔 형태로 제작된 사방화이며 비잔틴 건축 양식에서 고안된 디자인으로 비잔틴 콘(byzantine cone)이라고도 한다.
2. 꽃뿐만 아니라 열매, 과일, 채소 등을 이용하여 다채롭고 입체감 있게 구성한다.
3. 전체적인 디자인이다.
4. 사방에서 볼 수 있는 작품이다.

주의사항

1. 입체적인 화형이므로 사방의 시각을 균형 있게 배열한다.
2. 원추 형태가 고르고 부드럽게 잡히도록, 중간중간 튀어나오지 않도록 섬세하게 처리한다.
3. 너무 옆으로 커지지 않게 높이감 있게 꽂는다.
4. 소재가 위쪽으로 치우치지 않게 안정감 있게 꽂는다.

| 꽃의 형태 분류 |

라인 플라워 : 황금사철　　　　매스 플라워 : 장미, 리시안서스
필러 플라워 : 소국

드로잉

제 · 작 · 과 · 정

◀ 중심의 라인 소재를 화기(플로럴 폼) 정중앙에 꽂는다. 사방으로 돌려 가며 앞뒤, 양옆 4개의 라인을 꽂는다(수평의 소재는 직선 소재 길이의 1/3 정도).

◀ 장미를 조화롭게 높낮이를 주어 꽂아 깊이감을 살리고, 사이사이에 황금사철을 꽂아 공간을 메꿔 준다.

← 리시안서스를 장미 사이에 꽂는다.

← 소국으로 공간을 메꾸며 완성한다.

부채형 Fan style

❖ **소재** 백합, 아이리스, 장미, 소국, 네프로레피스

 부채형은 부채를 펼쳤을 때나 공작새가 날개를 펼쳤을 때의 모양으로 앞면 위주의 작품이며, 시원한 느낌과 우아한 느낌을 동시에 준다. 안정감 있는 구도로 전체적인 디자인에 포컬 포인트가 돋보이는 작품이다. 포컬 포인트를 새의 부리 모양으로 표현한다.

정면도

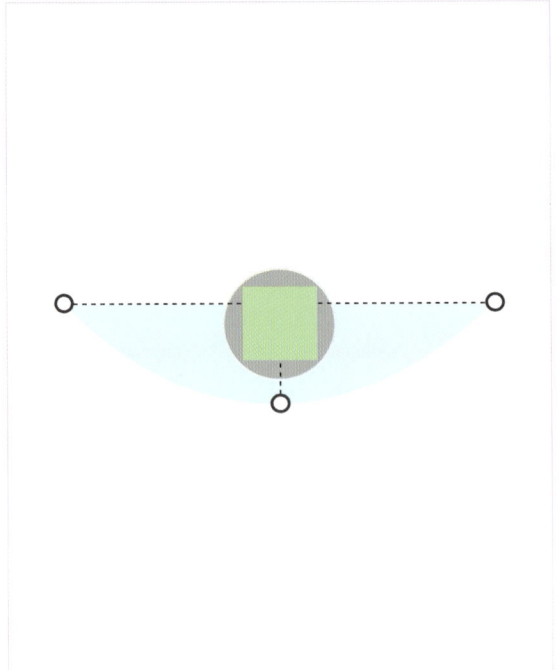

평면도

플로럴 폼 위치

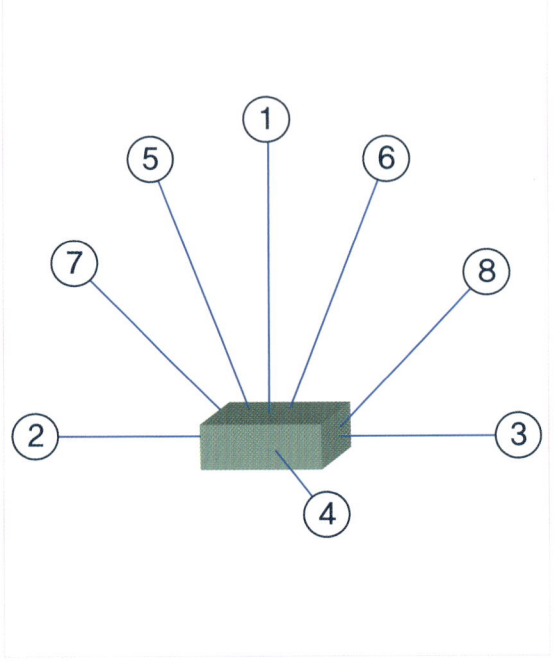

배열도

특징 및 형태

1 부채꼴 형태로 화려한 느낌을 주는 디자인이다.
2 방사상으로 대칭적 균형을 이룬다.
3 제단이나 강단 홀 장식으로 많이 이용하며 입체감과 시각적 균형이 조화로운 형태의 디자인이다.
4 앞면 위주 작품이다.

주의사항

1 대칭적이고 균형 있게 규칙적인 배열로 꽂는다.
2 재료 선택 시 라인 플라워는 선이 곧고 너무 왜소하지 않은 것을 선택한다.
3 폼 플라워의 소재를 선택해 꽂아 준다.
4 폼 플라워를 꽂아 줌으로 작품의 중심을 잡아 주는 역할을 한다.
5 부채꼴 형태를 살리기 위해 되도록 아랫부분에 꽃이 오도록 꽂는 것이 좋다.

꽃의 형태 분류

라인 플라워 : 아이리스, 네프로레피스
폼 플라워 : 백합
그린 소재 : 네프로레피스

매스 플라워 : 장미
필러 플라워 : 소국

드로잉

제 · 작 · 과 · 정

1

← 네프로레피스를 중심축을 중심으로 좌우 대칭이 되도록 균형에 맞게 부채꼴 형태로 꽂아 준다. ①번의 길이는 화기 길이를 중심으로 1.5~2배 정도가 적당하다.

2

← 중앙 아래 포컬 포인트로 백합을 꽂아 중심을 잡아 안정감을 준다. 아이리스를 네프로레피스 사이사이에 꽂아 균형을 맞춘다.

◂ 부채 형태의 부피감이 생기도록 장미를 아이리스 앞쪽에 조화롭게 꽂는다.

◂ 중간중간 네프로레피스를 꽂고 소국으로 부채 형태를 따라 마무리한다.

수직형 Vertical style

❖ **소재** 백합, 장미, 금어초, 거베라, 소국, 잎새란

남성적인 날렵함과 진취적이고 강한 인상을 주는 디자인으로 모던하고 심플한 장소에 잘 어울린다.

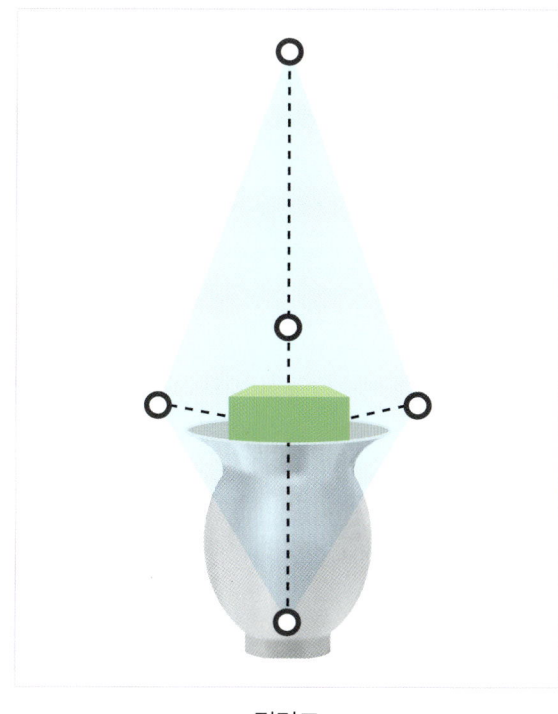

정면도

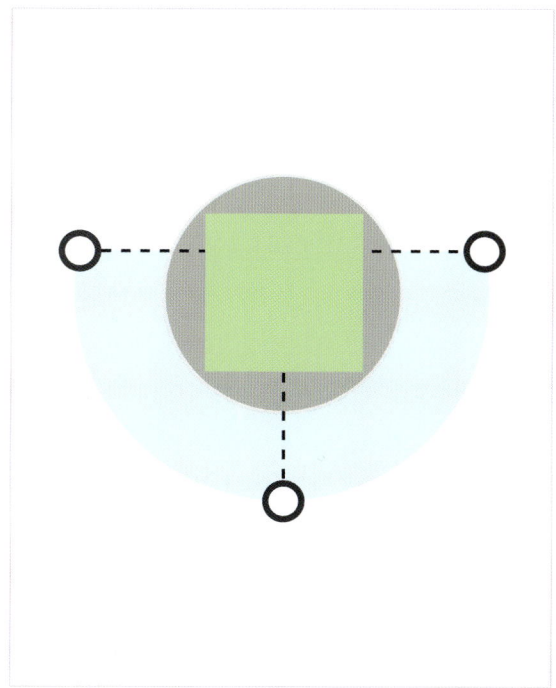

평면도

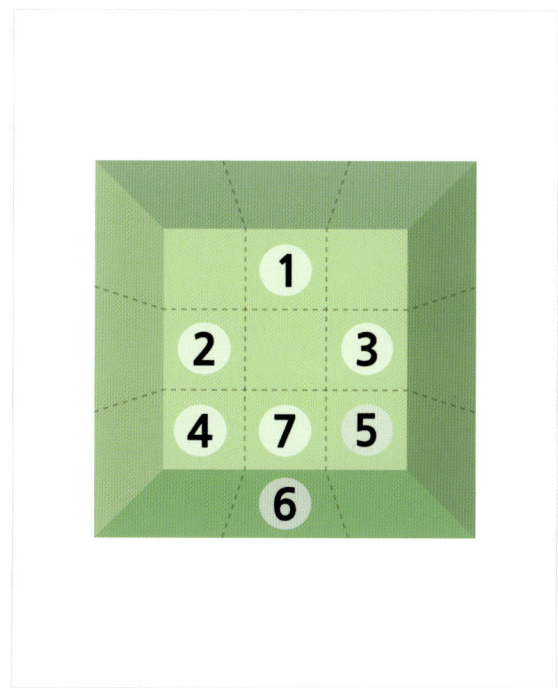

플로럴 폼 위치

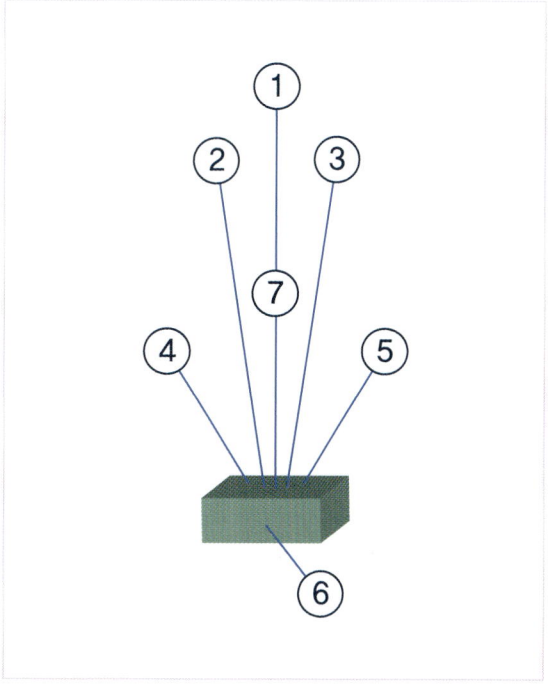

배열도

특징 및 형태

1 수직적인 상승감과 직선적이고 강력한 남성미를 가지는 간결한 디자인이다.
2 폭이 좁은 형태로 좁은 공간에서도 장식할 수 있는 꽃 장식이다.

주의사항

1 작품의 형태는 반드시 상승감이 드러나는 수직형이어야 한다.
2 평면적인 디자인이다.
3 소재들이 화기에서 벗어나지 않도록 꽂는다.

꽃의 형태 분류

라인 플라워 : 잎새란, 금어초   매스 플라워 : 거베라, 장미
폼 플라워 : 백합   필러 플라워 : 소국

드로잉

제 · 작 · 과 · 정

◀ 잎새란을 화기 중심에 화기의 2~2.5배 길이로 꽂아 수직의 진취적인 생동감을 강조한다.

◀ 금어초를 잎새란보다 낮게 꽂고, 거베라를 금어초보다 낮게 높낮이를 주며 깊이감 있게 꽂는다.

❸

◀ 백합을 중심에 낮게 앞을 향해 꽂아 주고 장미를 낮게 꽂는다.

❹

◀ 소국으로 볼륨감을 주어 마무리한다.

정방형 Square style

❖ **소재** 탑사철, 장미, 백합, 불로초(꿩의비름), 소국, 루모라 고사리, 아이리스

전체적인 외곽선은 사각 형태를 이루고 있으며 네 개의 선과 점은 대칭을 이룬다. 그러나 비대칭의 형태도 가능하다. 전체적인 디자인의 표현은 앞을 향해 서 있는 듯하다.

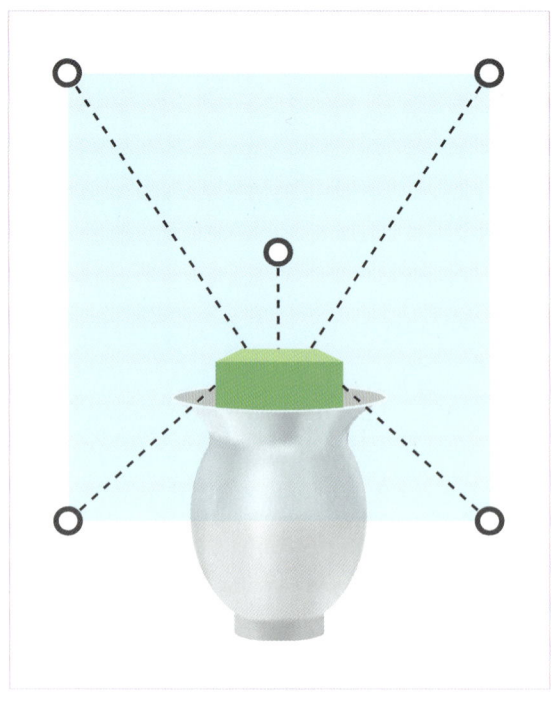

정면도

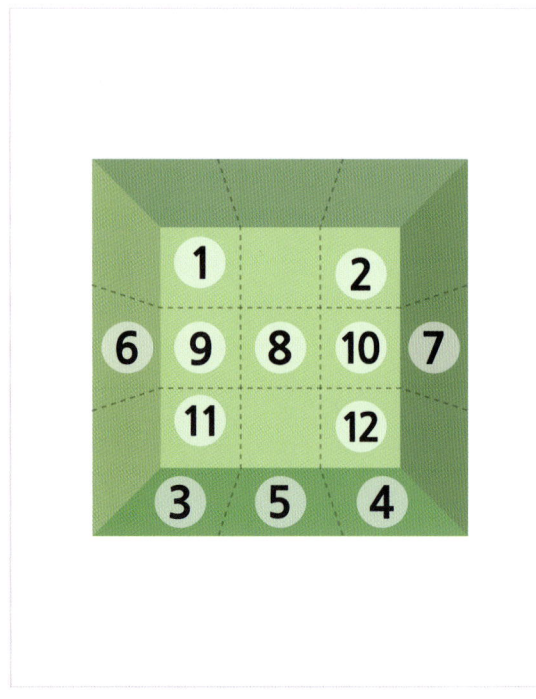

플로럴 폼 위치

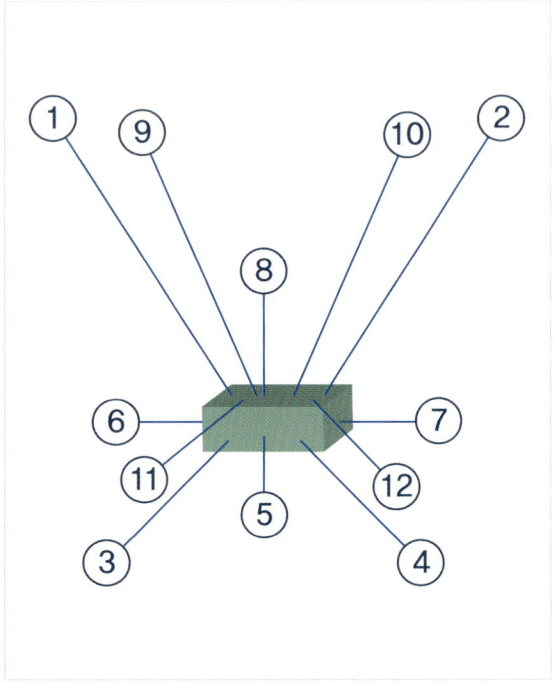

배열도

특징 및 형태

1 정방형은 4개의 꼭짓점을 기준으로 대각선 형태를 이루며, 중심에 초점을 둔 형태이다.
2 단상에 장식 효과를 주는 디자인으로 세련미와 고급스러움을 연출한다.

주의사항

1 4개의 꼭짓점 방향이 서로 연결되게 꽂는다. 각 방향마다 다른 소재를 꽂아도 된다.
2 무게 중심이 정가운데 중심점을 기준으로 모여야 한다.
3 화기는 낮은 것보다 조금 높은 것이 좋고 플로럴 폼도 약간 높게 한다.

꽃의 형태 분류

라인 플라워 : 탑사철, 아이리스   매스 플라워 : 장미
폼 플라워 : 백합   필러 플라워 : 소국, 불로초
그린 소재 : 루모라 고사리

드로잉

제 · 작 · 과 · 정

← 탑사철을 대각선이 되게 15° 정도 기울여 서로 대칭적인 사각형 형태로 꽂아 준다.

← 장미를 탑사철과 아이리스 앞쪽으로 같은 흐름을 주며 정방형 형태로 꽂아 어우러지게 하고, 백합을 중심에 낮게 앞을 향해 꽂아 준다.

◀ 불로초를 장미 사이사이에 음영을 주며 꽂아 안정감과 균형을 이루어 준다.

◀ 소국을 꽃들 사이에 꽂아 주며, 루모라 고사리로 플로럴 폼이 보이지 않도록 잘 가려 준다.

S커브형 S curve style

❖ **소재** 탑사철, 백합, 리시안서스, 스프레이 카네이션, 유칼립투스

호가스 형태의 아름다운 여인을 연상시키는 듯한 디자인이다. 작품에 S 곡선을 많이 활용한 영국의 화가인 윌리엄 호가스(William Hogarth, 1697~1764)의 이름을 따서 호가스 커브라고 하며, 영어 알파벳 S자 형태를 인용해 S커브형이라고도 한다. 정확한 황금 비율 3 : 5 : 8의 비율을 적용한다.

정면도

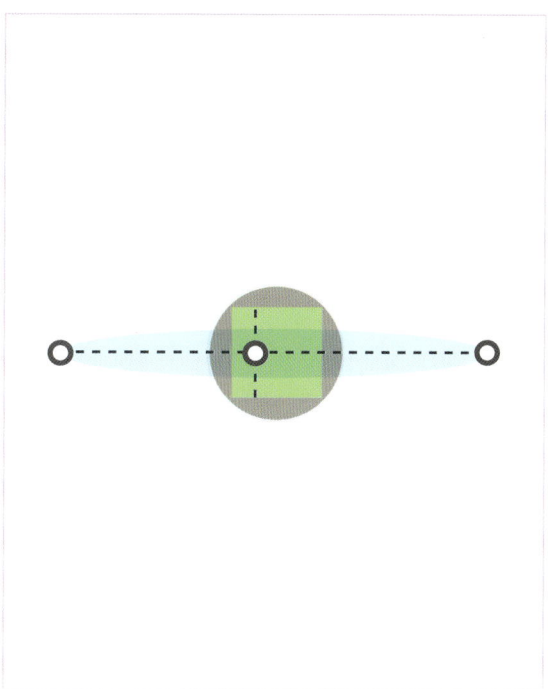

평면도

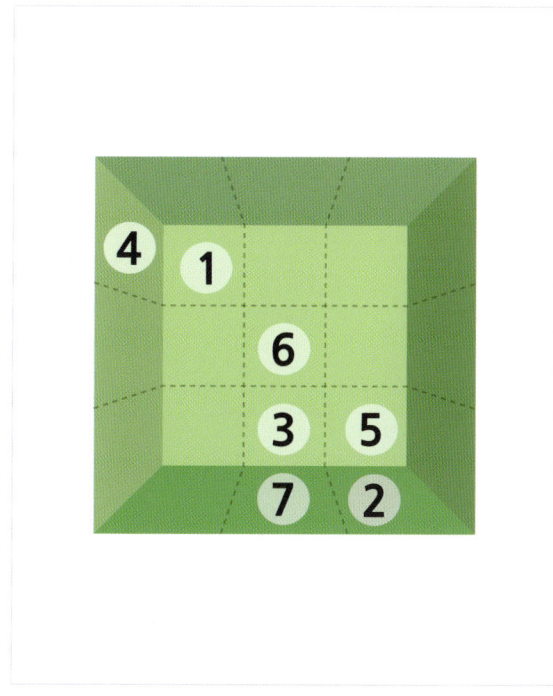

플로럴 폼 위치

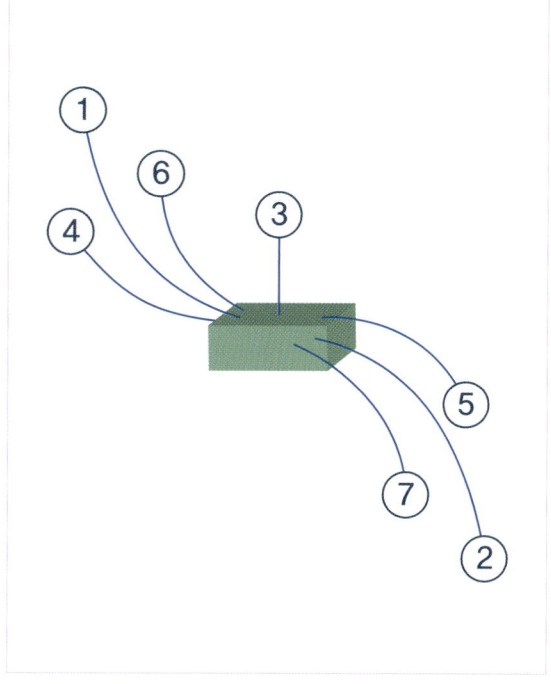

배열도

제2과제 꽃꽂이·꽃다발

특징 및 형태

1 알파벳 S자 형태의 우아하고 아름다운 디자인이다.
2 마치 움직이는 듯한 디자인이다.
3 곡선 소재를 사용하여 작품의 특징을 살려 준다.
4 대칭과 비대칭이며 수평 S, 수직 S가 있다.

주의사항

1 S자 형태는 가볍게 보여야 하기 때문에 무거워 보이지 않는 색상이나 소재를 선택한다.
2 라인이 잘 잡히는 부드러운 소재를 선택해야 한다.
3 라인 끝부분의 꽃들이 올라가지 않도록 주의한다(선의 부드러움을 가리기 때문).
4 플로럴 폼을 화기에 세팅할 때는 화기 입구에서 7cm 정도 올라오도록 한다.

꽃의 형태 분류

라인 플라워 : 탑사철   매스 플라워 : 리시안서스
폼 플라워 : 백합   필러 플라워 : 스프레이 카네이션
그린 소재 : 유칼립투스

드로잉

제·작·과·정

◀ 탑사철을 화기 길이의 1.5~2배 정도 길이로 플로럴 폼 1/3 뒤쪽, 왼쪽 1/3 지점에 방사 형태로 꽂는다. S자 형태가 되게 화기 아래로 흐르도록 한다.

◀ 백합을 중심 낮게 앞을 향해 꽂고, 리시안서스를 S자 흐름에 맞춰 높낮이를 주며 전체적인 리듬감이 살아 있도록 율동감 있게 배열하여 꽂아 준다.

③ 스프레이 카네이션을 꽂아 깊이감을 주고, 유칼립투스로 전체적인 흐름을 주며 마무리한다.

④ S커브의 바로 세운 형태이다. 수직에 가깝도록 일직선을 이루는 구성이다.

스프레이형 Spray style

❖ **소재** 장미, 소국, 말채, 네프로레피스

분무기를 분사할 때 물이 뿜어져 나오는 듯한 형태이며 끝과 끝점이 일직선상에 놓여 있는 듯 꽂는 게 특징이다. 전체적인 작품의 형태는 화기를 중심으로 끝점이 수평과 사선의 형태로 이루어진다.

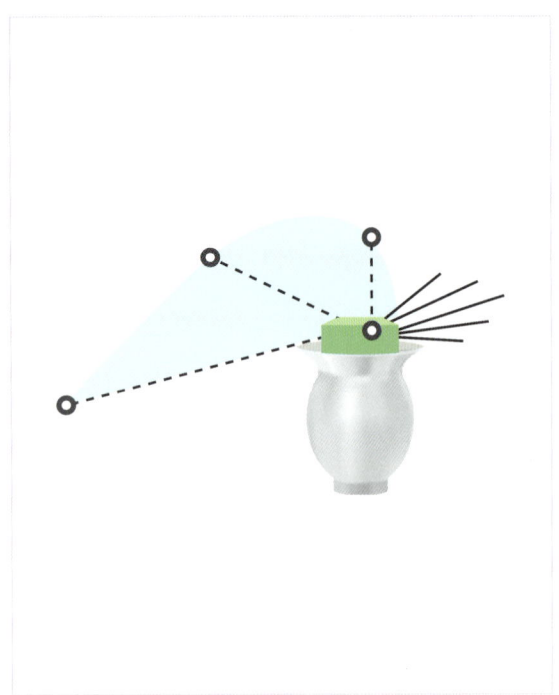

정면도

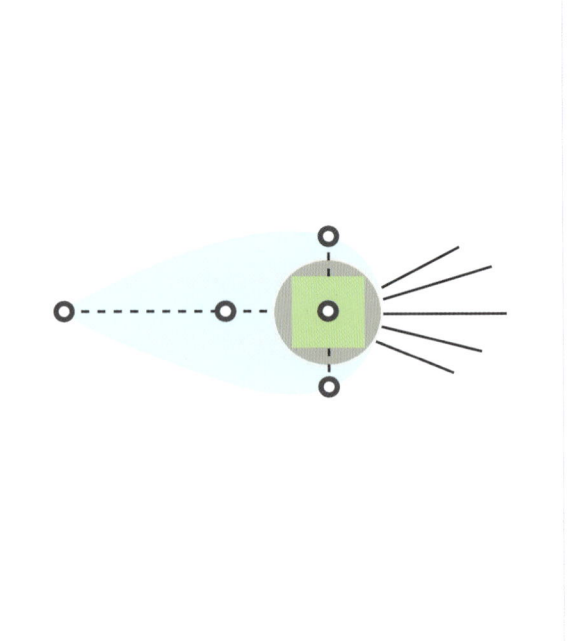

평면도

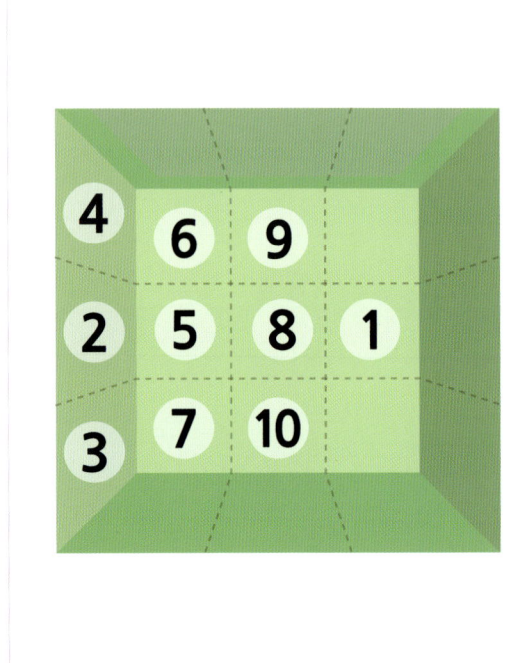

플로럴 폼 위치

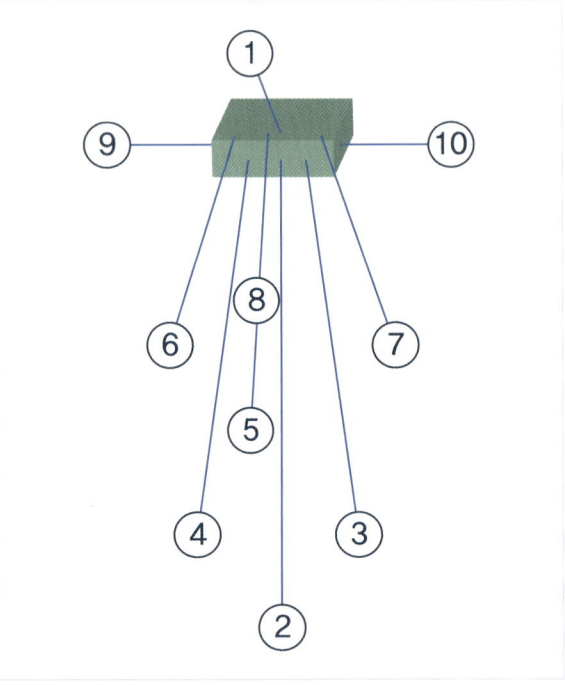

배열도

특징 및 형태

1 전체적인 형태는 분무기에서 물을 뿜어낼 때의 모습으로 구성된다.
2 소재들을 펼쳐지듯 꽂아 주고, 소재들의 줄기 부분을 이용해 뒤쪽에 사선으로 꽂아 줌으로 꽃과 일치감을 준다.
3 주로 상품으로 꽃바구니에 많이 활용된다.

주의사항

1 꽃다발 형태가 되도록 줄기의 끝을 사선으로 자르되 너무 날카롭지 않게 잘라 꽂는다.
2 자연스럽게 흐르는 듯한 스프레이 형태로 연출한다.
3 꽂는 형이 꽃다발 형태이므로 줄기의 잎을 잘 다듬어 꽂는다.

꽃의 형태 분류

라인 플라워 : 네프로레피스, 말채 　　　　매스 플라워 : 장미
필러 플라워 : 소국

드로잉

제 · 작 · 과 · 정

1

◀ 말채를 스프레이 형태가 되게 꽂는다.

2

◀ 네프로레피스로 플로럴 폼을 가려 주며 꽂고, 장미를 고르고 낮게 면을 채워 비율에 맞게 꽂는다.

◀ 소국을 장미 사이사이에 높낮이를 주어 꽂는다.

◀ 줄기의 잎을 깔끔하게 다듬어 꽃과 줄기가 연결되게 길이를 조절해 가며 조화를 맞추어 배열한다.

병렬(평행)형 Parallel style

❖ **소재** 황금사철, 장미, 스톡, 석죽화(패랭이꽃), 네프로레피스, 이끼

　병렬형은 자연식생적 병렬(parallel-vegetative), 장식적 병렬(parallel-decorative), 도형적 병렬(parallel-grafisch)로 분류한다. 모든 줄기들은 일직선상의 방향을 이루며 움직이는 듯한 생동감을 준다. 직선적인 소재가 더 형태감을 살리지만 곡선적인 소재를 사용하면 좀 더 자연스러운 디자인의 느낌을 살려 준다.

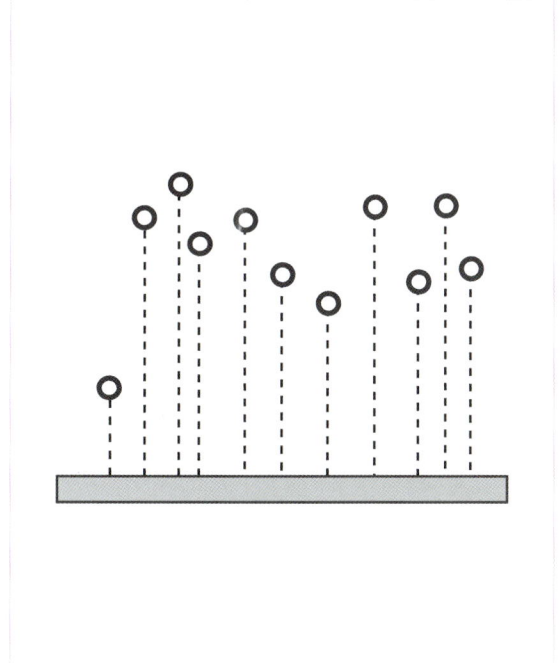

수직선 병렬형 정면도

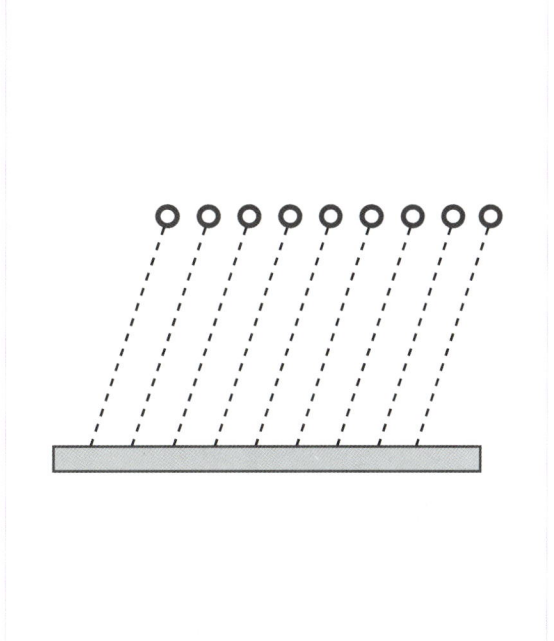

사선 병렬형 평면도

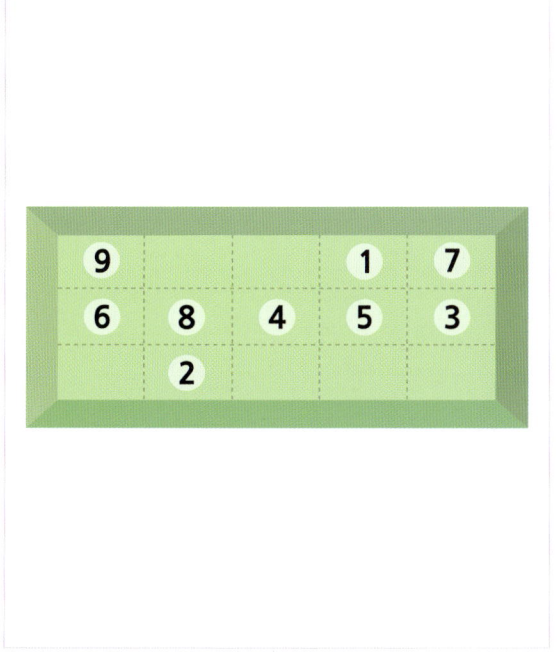

플로럴 폼 위치

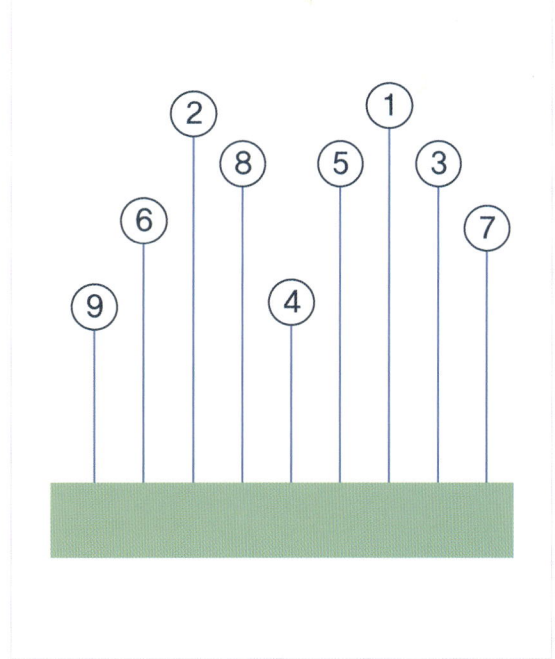

배열도

제2과제 꽃꽂이 · 꽃다발

특징 및 형태

1 각자의 생장점을 가진 다생장점 디자인이다.
2 서로가 평행선을 이루어 선과 선이 만날 수 없는 속성을 갖고 있다.
3 장식적인 디자인(공간 장식)과 자연적인 디자인이 있다.
4 대칭, 비대칭 모두 가능하다.

주의사항

1 패럴렐(병렬형) 디자인으로 꽃을 땐 화기 위로 폼이 올라오지 않도록 주의한다.
2 주·역·부로 그룹을 나누어 꽂는다.
  주(主) : 주된 그룹, 부(副) : 보조 그룹, 역(逆) : 대항 그룹
3 자연적인 디자인으로 꽃을 땐 식물의 습성을 그대로 살려 꽂는다.
4 장식적인 디자인으로 꽃을 때 공간에 여유를 주며 그룹을 나눠 꽂는다.
5 바닥에는 돌이나 흙, 이끼, 나무, 여러 가지 재료를 사용하여 전체적인 작품을 하나의 구성원으로 인정한다.

꽃의 형태 분류

대가치 : 황금사철 중가치 : 장미, 스톡
소가치 : 네프로레피스, 석죽화

드로잉

제 · 작 · 과 · 정

1

← 황금사철을 주된 그룹, 대항 그룹, 보조 그룹의 배열에 위치하여 꽂는다.

2

← 장미를 나눈 그룹들에 맞추어 배열한다. 높낮이로 깊이감을 자연스럽게 연출한다.

◀ 석죽화를 그룹의 빈 공간에 조화롭게 꽂아 자연스러움을 연출한다.

◀ 네프로레피스, 스톡을 그룹의 배열에 맞게 조화를 주어 꽂은 다음 이끼를 얇게 고루 펴서 폼이 보이지 않도록 가려 준다.

피라미드형 Pyramid style

❖ **소재** 백합, 장미, 금어초, 탑사철, 소국, 루스쿠스

다이내믹한 디자인으로 이집트 피라미드의 형태를 살려 전체적인 조화를 이룬 작품이다.

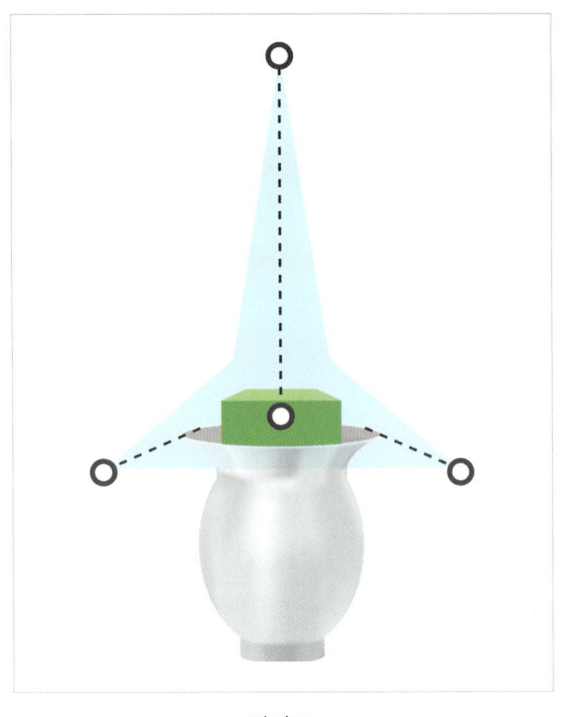

정면도

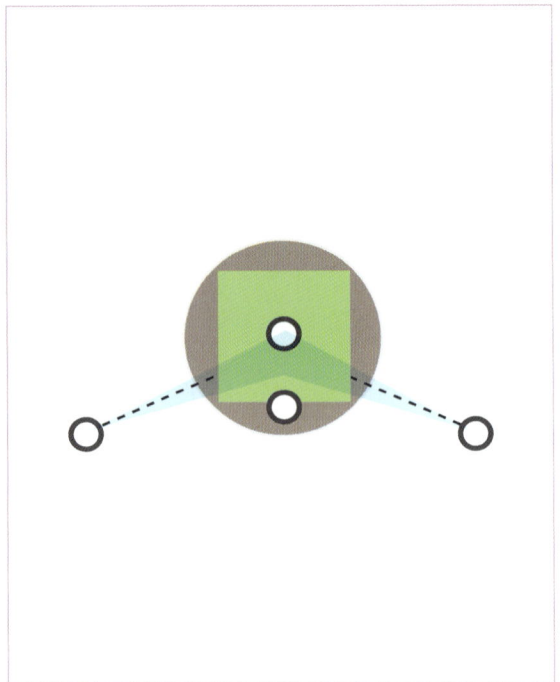

평면도

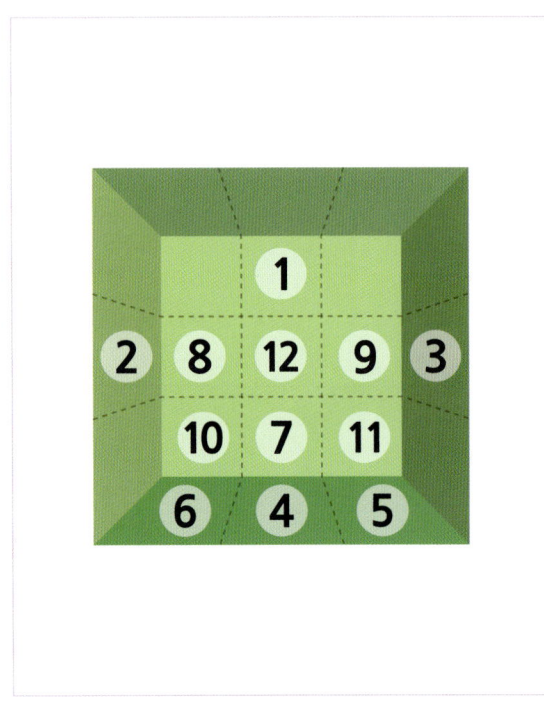

플로럴 폼 위치

배열도

특징 및 형태

1 이집트의 피라미드를 연상하게 하는 형태로 장엄하고 섬세함이 돋보이는 이지적인 어레인지먼트를 구성한다.
2 이등변 삼각형의 형태이며 날렵하고 강한 이미지이다.

주의사항

1 꽃을 꽂을 때 앞으로 향하게 감싸듯 모아 주고 형태가 퍼지지 않도록 주의한다.
2 앞면 위주 작품이므로 앞으로 쏠리지 않도록 주의한다.
3 뒷면을 채울 때는(플로럴 폼을 가리는 것) 앞면의 선을 해치지 않는 범위에서 가려 준다(낮게 가린다).

꽃의 형태 분류

라인 플라워 : 탑사철, 금어초   매스 플라워 : 장미
폼 플라워 : 백합   필러 플라워 : 소국
그린 소재 : 루스쿠스

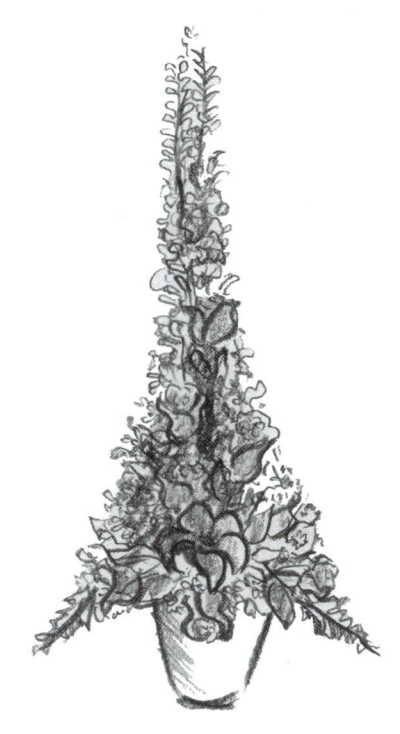

드로잉

제·작·과·정

1

◀ 탑사철을 중심에 세우고 양옆에 피라미드 형태로 탑사철을 꽂는다.

2

◀ 백합을 중심에 낮게 꽂고, 금어초를 탑사철보다 낮게 꽂아 준다.

◀ 피라미드의 면적을 장미로 높낮이를 주며 너무 퍼지지 않게 꽂는다.

◀ 빈 공간에 루스쿠스를 꽂고 소국으로 마무리한다.

꽃다발 (Hand-tied Bouquet)

1. 핸드타이드 제작 방법
① 줄기 부분을 끈으로 묶는 방법으로 가장 흔하게 사용되고 있다.
② 줄기는 한 방향(나선형)으로 움직이거나 수직적인 움직임을 보이는 병렬형이 있다.
③ 단단히 묶어야 하며 줄기는 사선으로 자른다.
④ 묶는 부분(바인딩 포인트) 아래는 깨끗이 정리되어야 한다.
⑤ 병렬형은 묶는 부분이 하나 이상이 되기도 한다(장식적, 기능적).

2. 핸드타이드 제작 시 주의 사항
① 모든 소재를 종류별로 구분하여 정리해야 편리하다.
② 처음 시작한 바인딩 부분이 마무리 바인딩 부분이 되도록 해야 흔들림이 없다.
③ 부드럽고 연약한 소재가 많고 배치되는 각도가 클 경우 필러 소재를 충분히 준비하여 보완과 장식적 효과를 준다.
④ 모든 소재는 물 처리가 필요하므로 줄기의 길이는 같은 게 좋다. 짧은 소재는 사용하지 않는다.
⑤ 묶음식 끝부분을 고리 모양으로 묶으면 풀릴 염려가 있으므로 좋지 않다.
⑥ 완성 후 모든 생화 소재는 완전히 물에 담가야 한다.
⑦ 제작 시 손의 체온으로 노화를 촉진할 수 있으므로 신속히 제작한다.

3. 채점 기준
① 제2과제는 55점 만점으로(1과제와 합산하여 백점 만점에 60점 이상이면 합격) 작업 시간은 40분이다.
② 필기 합격자에 한해 실기 원서 교부와 함께 꽃 소재가 공지되며 시험 유형은 당일 시험 장소에서 제시된다.
③ 13개 항목으로 나누어 채점된다(기술적인 면과 조형적인 면).
④ 바인딩 포인트 아래 줄기 부분은 잎이 남아 있지 않도록 깨끗이 제거한다.
⑤ 단단히 묶여 있는지 확인한다.
⑥ 한 방향으로 돌아갔는지 확인하고 소재들이 한곳에 뭉치지 않도록 한다.
⑦ 줄기 끝 부분은 사선으로 자른다.
⑧ 완성된 작품은 바로 세워지도록 한다.
⑨ 모든 줄기는 물에 담가야 한다.
⑩ 정확한 형태를 표현한다.
⑪ 베이스는 제대로 가려졌는지 확인한다.
⑫ 소재는 제시된 대로 충분히 사용했는지 확인한다.
⑬ 또한 전체적인 조화, 비율, 통일감, 테크닉, 제한 시간, 태도, 마무리 등에 대한 것으로 한다.

원형 꽃다발 Round style

❖ **소재** 곱슬버들(용버들), 장미, 플록스, 캄파눌라, 소국, 편백, 아스파라거스

　곱슬버들을 이용해 원형의 구조물을 만들어 꽃들을 배열하는 핸드타이드 꽃다발은 꽃만으로 느낄 수 없는 자연스러운 꽃다발을 연출할 수 있다. 구조물을 이용해 꽃을 배열할 때는 공간에 여유를 두어야 꽃의 형태가 살아 있는 느낌을 줄 수 있다.

구조물

드로잉

특징 및 형태

1 나선형 방향으로 일치해야 한다.
2 바인딩 포인트 아래 줄기는 잎이 남지 않도록 깨끗이 처리해야 한다.
3 모든 줄기는 사선으로 잘라야 한다.
4 모든 줄기는 물에 담가야 한다.

주의사항

1 라운드(원형)일 경우 전체적인 형태가 완만한 구를 이루게 한다.
2 구조물을 만들 때 곱슬버들의 잔가지를 최대한 살려 자연스러움을 준다.
3 손잡이는 #18 철사를 사용하거나 곱슬버들의 두꺼운 밑줄기 부분을 사용할 수도 있다.
4 소재는 가능한 그룹으로 잡아 주는 게 깔끔하다.
5 마지막에 노끈으로 줄기를 묶을 때 줄기 밑을 한번 통과해서 묶어 주면 훨씬 단단히 묶인다.
6 손으로 잡을 때 팔의 위치가 L자가 되는 자세로 꽃다발을 잡으면 흐트러지지 않고 골고루 고정 배치할 수 있다.

제·작·과·정

⬆ 곱슬버들로 원하는 대로 원형 구조물을 만든 후 장미를 중심에 지지로 잡아 준다.

⬆ 원형의 틀 안에 고루 배열되도록 꽃들을 잡아 준다.

❸

⬆ 나선형으로 돌려 가며 꽃들을 차례로 배열해 준다.

❹

⬆ 돌려 가며 꽃들을 배치한다. 완성된 꽃다발은 바인딩(손잡이) 부분을 노끈으로 꽉 묶은 다음 모든 줄기를 한꺼번에 잡고 일자로 자른 후 줄기 하나하나를 칼로 사선으로 자르고 잘 정리하여 세워 고정한다.

원추형 꽃다발 Cone style

❖ **소재** 말채, 금어초, 장미, 소국, 유칼립투스, 베로니카

　수직적인 높이의 원추형 꽃다발은 경쾌함과 부드러움이 함께 어우러지는 디자인이다. 전체적인 구조물을 원추 형태로 만들어 꽃들을 높낮이에 맞게 나선형으로 돌려 가며 잡아 준다. 구조물 특성상 깊이의 수직적인 높이가 강조되므로 꽃들도 길이에 맞게 신경을 써야 한다.

구조물   드로잉

특징 및 형태

1 원형을 중심으로 길이가 긴 폭을 유지하며 원추 형태를 이루고 있다.
2 수직의 상승은 매우 진취적이고 생동감이 있다.
3 원추형 구조물에 꽃을 배열할 때 구조물에서 벗어나지 않도록 한다.
4 소재의 종류에 따라 구조물에서 약간은 벗어날 수 있다. 그러나 소재 선택 시 너무 옆으로 뻗는 소재는 피하는 게 좋다.
5 전체 길이는 3 : 1 : 1의 비율로 이루어진다.

주의사항

1 바인딩 포인트(손잡이)를 중심으로 나선형(한 방향)으로 잡아 준다.
2 바인딩 포인트 아래 줄기 부분은 잎을 깔끔하게 제거한다.
3 줄기 끝부분은 사선으로 잘라 준다.
4 모든 줄기 끝부분은 물에 잠겨야 한다.
5 구조물 제작 시 철사 처리는 끝이 걸리지 않도록 깔끔하게 마무리한다.

제 · 작 · 과 · 정

◆ 말채를 길이에 맞게 잘라 원추 형태로 구조물을 만든다.

◆ 손잡이 부분을 중심으로 금어초를 중앙에 세워 잡아주며 장미는 낮게 잡는다.

◀ 유칼립투스와 소국을 번갈아 가며 나선형으로 잡아 준다.

◀ 전체적으로 꽃들이 고루 분포되도록 하며 줄기 아래 부분은 나선형(한 방향)으로 깨끗하게 돌아 가도록 한다. 마무리한 후 노끈으로 단단히 묶는다.

수평형 꽃다발 Horizontal style

❖ **소재** 말채, 백합, 장미, 거베라, 소국, 스톡, 아스파라거스

 편안함과 안정감을 주는 수평형 꽃다발은 전체적으로 고루 꽃들을 배열한다. 수평형 꽃꽂이처럼 순조롭고 편안하면서 자연스러운 형태의 디자인이다. 수평의 구조물에서 꽃들의 배열은 서로 평안하고 자유스러운 이미지를 연출하도록 한다.

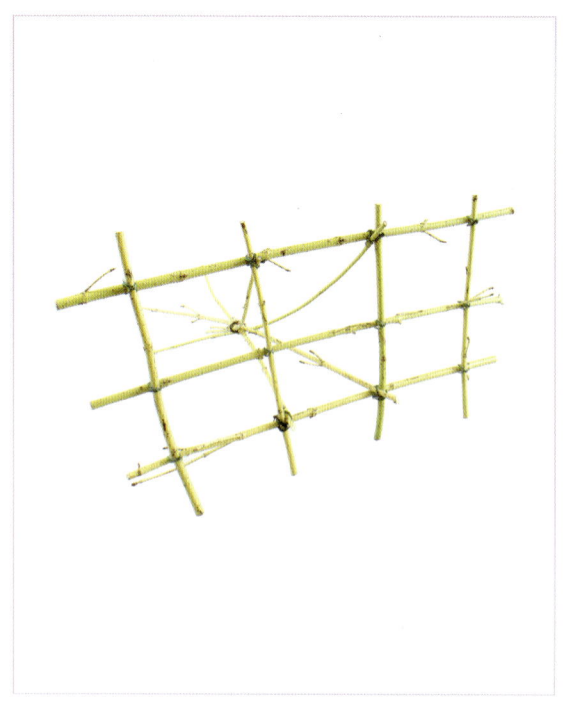
구조물

드로잉

특징 및 형태

1. 편안하고 안정감이 있는 수평 구조물로 이루어진 형태이다.
2. 여러 가지 형태의 수평 구조물을 제작할 수 있다. 다양한 소재로 구조물을 제작할 수 있다.
3. 직선적인 소재보다는 선이 부드러운 소재를 선택하는 게 수평 형태의 장식을 배열할 때 손쉽다.
4. 꽃의 배열은 완만한 타원형의 부드러움이 유지되도록 한다.
5. 수평(4) : 수직(1)의 비율로 구조물을 제작한다.

주의사항

1. 전체 구조물과 형태적으로 조화를 이루도록 한다.
2. 전체 줄기가 나선형으로 돌아 가게 한다.
3. 바인딩 포인트는 흔들리지 않도록 노끈으로 단단히 묶는다.
4. 줄기를 깨끗이 처리한다.
5. 사선으로 자른다.
6. 모든 줄기가 물에 잠기도록 한다.

제 · 작 · 과 · 정

↑ 원하는 수평의 구조물을 만든 다음 중심에 장미를 놓고 양쪽으로 백합과 장미로 구조물의 지지를 만들어 잡아 준다.

↑ 꽃들을 고루 배열해서 공간을 조금씩 주며 자연스럽게 잡아 준다.

⬆ 꽃다발을 완성한 후 노끈으로 꽉 묶어 준 다음 모든 줄기를 잡고 꽃가위로 일자로 자른 후 줄기 하나하나를 꽃칼로 사선이 되도록 잘라 준다.

⬆ 균형을 잘 맞춰 세운다.

활형 꽃다발 Bow style

❖ **소재** 말채, 백합, 장미, 거베라, 캄파눌라, 소국, 백일홍, 스마일락스, 플록스

  활을 쏘듯 휘어지는 활형은 끝선이 매우 아름답고 부드러운 여성의 이미지를 갖고 있다. 특히 구조물을 제작하여 꽃다발을 만들 때 크레센트(초승달 모양) 형태처럼 양쪽 끝부분이 활형의 관점 포인트라고 할 수 있다. 양쪽 끝부분을 살려 꽃들을 무겁지 않게 배열해야 활형의 형태가 돋보인다.

구조물

드로잉

특징 및 형태

1 활처럼 휘어지는 형태의 구조물이다.
2 신부화의 크레센트형(초승달형)을 좀 더 확대하여 선이 굵은 소재와 디자인으로 구상한 작품이다.
3 시원하고 부드러운 소재들을 선택하여 자연스럽게 배열한다.
4 구조물의 양쪽 끝을 모아 준다.
5 전체 길이는 4 : 1(폭)로 한다.

주의사항

1 말채나 소재들로 구조물을 만들 때 잘 휘어지도록 충분히 마사지를 해 준다.
2 바인딩 포인트(손잡이) 아랫부분은 줄기의 잎을 깔끔하게 제거해 준다.
3 소재의 줄기는 나선형으로 잡아 준다.
4 흐트러지지 않도록 바인딩 포인트를 꽉 묶어 준다.

제·작·과·정

⬆ 활 모양의 구조물을 원하는 대로 만들어 백합, 장미, 거베라를 중심에 지지로 활용하여 잡아 준다.

⬆ 꽃들을 구조물보다 너무 높지 않게 배열하여 잡아 준다.

⬆ 바인딩 포인트(손잡이)를 노끈으로 꽉 묶는다.

⬆ 완성된 꽃다발은 줄기를 사선으로 자른 후 세워 고정한다.

부록

기타 화훼 장식

- 꽃바구니
- 꽃 포장
- 테이블 꽃 장식
- 다육 식물 가든
- 디시 가든

꽃 상품

- 화훼 장식품의 포장은 미적 효과뿐만 아니라 기능적인 효과도 높아져 햇빛이나 바람, 온도, 사람의 체온과 같이 식물에 적합하지 않은 환경에서 보호하는 역할을 한다.
- 식물체로부터 휴대자를 보호하는 역할도 한다.
- 포장은 장식품과 조화를 이루어야 하며, 포장 목적에 적합한 포장지와 포장 방법을 선택해야 한다.
- 포장 마무리 시 리본과 장식품의 취급법과 카드 등을 부착하면 완성도가 더욱 높아진다.

1. 꽃다발 포장

① 가장 많이 이용하는 장식품으로 여러 가지 새로운 방법이 개발되고 있으며 상품성과 더불어 예술적인 면도 부각되고 있다.

② 밀봉형, 반밀봉형, 개방형이 있다.

- 밀봉형 포장 : 장거리 운반 시 식물 재료가 연약하여 쉽게 상처를 입을 수 있을 때나 바람이나 온도 등 환경적으로 적응이 어려울 때 적합한 포장 방법이다. 투명한 포장지가 많이 이용되며 습도 조절을 위하여 환기 구멍을 내어서 습기로 생기는 흐림을 방지해 준다.
- 반밀봉형 포장 : 꽃다발의 윗부분이 열려 있어 비교적 자유롭고 자연스러운 표현이 가능하며 기능성과 장식성을 병행할 수 있어 널리 이용되는 방법이다.
- 개방형 포장 : 장식품을 단시간에 이용할 때 적당한 포장 방법으로 비교적 수명이 길고 강한 식물을 포장할 때 이용된다. 꽃다발의 다양한 연출에 적당하며 식물 재료가 가지는 특징을 그대로 표현할 수 있다.

2. 분 식물 포장

① 식물을 전체적으로 포장하는 경우와 용기만을 포장하는 경우가 있는데 용기 포장이 많이 이루어지고 있다.

② 작은 분 식물에는 전체 포장이 많이 이용되며, 용기 부분만을 포장하는 경우는 판매의 부가 가치를 높이는 목적으로 이용되고 있다.

③ 장식 환경과 조화로운 색상과 재질을 가진 포장지를 선택한다.

3. 디시 가든(dish garden)

① 접시와 같이 깊이가 낮고 넓은 용기에 잘 자라지 않는 식물을 심어 작은 정원을 만들어 주는 형태이다.

② 배수가 되지 않으므로 수분 관리에 신경을 써야 한다.

③ 돌, 고목, 선인장, 다육 식물을 이용한 접시 정원이 관리가 편리하다.

4. 꽃 상품의 채점 기준

① 운반이 편리해야 한다.
② 컨테이너에 단단히 고정시켜 움직이지 않도록 한다.
③ 작품이 사용 용도에 적합한지 파악한다.
④ 신선도가 유지되도록 수분 관리에 신경을 써야 한다.
⑤ 최상의 서비스로 손님의 요구를 충분히 파악한다.
⑥ 신속하게 작품을 완성한다.
⑦ 같은 소재로 최고의 가치를 연출한다.

꽃바구니 낮은 사각 바구니

❖ **소재** 작약, 카네이션, 리시안서스, 아스틸베, 펜스테몬, 레우가덴드론

 자연의 질감이 그대로 살아 있는 바구니에 잘 어울릴 수 있는 소재들을 선택해 작품을 만들어 상품으로의 가치를 돋보이게 한다. 피크닉을 연상케 하는 유러피언 스타일 꽃바구니이다.

제 · 작 · 과 · 정

1

바구니의 2/3 위치에 레우가덴드론을 낮게 꽂고 바깥쪽에 작약을 기울이듯 꽂아 준다.

2

반대편 바깥쪽에 카네이션을 그룹으로 모아 꽂는다. 바구니 손잡이를 기준으로 높지 않게 꽂아 세련되어 보이도록 한다.

3

리시안서스를 군데군데 같은 색끼리 모아 꽂아 배열해 준다.

4

아스틸베, 펜스테몬을 꽃들 사이에 꽂아 준 다음 전체적인 작품의 느낌이 돋보이도록 장식을 꾸며 마무리해 상품의 가치를 높인다.

꽃바구니 낮은 원형 바구니

❖ **소재** 장미, 샴록, 부플리움, 수국, 아킬레아, 루모라 고사리

낮고 둥근 바구니는 주로 축하용으로 많이 선호하는 상품이다. 잔잔한 필러 소재들을 이용해 편안함을 주는 작품이다.

제 · 작 · 과 · 정

⬆ 루모라 고사리로 먼저 베이스를 가려 준 다음 수국을 한쪽에 꽂아 준다.

⬆ 가운데 중심에 장미를 꽂아 돋보이게 한 다음 샴록을 장미 옆 사이에 꽂아 싱그러움을 더한다.

⬆ 부플리움과 아킬레아를 서로 깊이감 있게 꽂아 조화롭게 한다.

⬆ 마무리로 소품을 얹어 상품의 완성도를 높인다.

꽃바구니 긴 원형 바구니

❖ **소재** 수국, 카네이션, 스프레이 카네이션, 아스틸베, 스마일락스, 아스크레피아스, 락스퍼

어버이날 카네이션 바구니를 상품화한 작품이다. 똑같은 꽃의 소재라도 어떻게 연출하느냐에 따라 상품의 가치가 달라진다. 바구니의 높이, 형태, 넓이에 따라 꽃의 형태, 종류, 색상을 구분하여 꽂아 준다면 가치가 높고 아름다운 작품을 디자인할 수 있다.

제 · 작 · 과 · 정

1

⬆ 스마일락스로 베이스를 가려 주고 수국을 꽂아 부피감을 준다.

2

⬆ 카네이션과 스프레이 카네이션을 서로 조화롭게 꽂아 배열한다.

3

⬆ 락스퍼와 아스틸베를 꽃 사이에 자연스럽게 꽂아 분위기를 세련되게 한다.

4

⬆ 하트 모양의 장식으로 부모님에게 마음을 전한다.

꽃 포장 원형 꽃다발

❖ **소재** 장미, 과꽃, 리시안서스, 카네이션, 샴록, 엽란, 레몬 잎

 몇 가지 소재만으로도 기대 이상의 풍성한 꽃다발을 만들 수 있는 원형 꽃다발이다. 꽃과 꽃 사이에 엽란을 반으로 접어 넣어 꽃들을 서로 분리해 주면서 색의 선명함을 살려 준다. 우아하고 사랑스러운 이미지의 꽃다발 포장이다.

제 · 작 · 과 · 정

↑ 반을 접은 엽란으로 장미를 감싼 다음 각각의 꽃들을 같은 방법으로 잡아 준다.

↑ 바인딩 포인트(손잡이)는 꽉 묶어 주고 아랫부분 줄기의 잎은 깨끗이 제거한다.

↑ 준비된 포장지를 꽃다발 위로 주름을 잡아 가며 한 바퀴 돌려 준다. 줄기 부분의 포장지를 3cm 정도 짧게 잘라 줄기가 보이도록 한다.

↑ 포장된 위로 투명 비닐을 한 번 더 돌려 감아 묶어 마무리한다.

꽃 포장 축하용 꽃다발

❖ **소재** 수국, 유칼립투스, 장미, 알스트로메리아, 달리아, 램즈이어, 엽란, 과꽃, 칼라

 강렬한 색 대비를 사용하여 서로 다른 새로운 느낌의 스타일을 연출할 수 있는 감각 있는 꽃다발 포장이다. 꽃다발은 포장지와 꽃 그리고 리본까지 모두가 서로 어울려 하나의 작품으로 완성된다.

제·작·과·정

↑ 줄기를 깨끗이 정리한 소재들을 나선형으로 돌려 가며 잡아 준다.

↑ 엽란을 꽃다발 전체에 돌려 가며 잡아 준다.

↑ 준비한 포장지를 주름을 잡아 가며 둘러 준다.

↑ 리본으로 묶어 마무리한다.

※ 포장지를 선택할 때에는 꽃의 색 중에 같은 색을 선택하는 게 통일감, 조화, 부피감이 더욱 돋보인다.

테이블 꽃 장식

❖ **소재** 스프레이 카네이션, 장미

 자주 볼 수 있는 일반적인 꽃이라도 액세서리를 어떻게 활용하느냐에 따라 전혀 다른 느낌의 디자인으로 만들 수 있다. 이런 형태는 어떤 이벤트가 필요한 날에 더욱 어울리는 것으로 꽃의 종류를 제한해 꽃의 화려함보다는 이벤트의 의미를 더욱 강조하도록 한다. 이렇게 장미 줄기에 다른 액세서리를 끼워 사용하는 경우 꽃의 길이를 맞춰 꽂아 액세서리가 돋보이도록 해 준다.

제·작·과·정

↑ 꽃 모양의 액세서리에 장미를 끼운다.

↑ 플로럴 폼을 세팅한 화기에 하트 모양의 형태로 장미를 꽂아 준다.

↑ 화기 바로 위에 스프레이 카네이션을 둘러 꽂아 플로럴 폼을 가려 준다.

↑ 완성된 꽃 장식을 테이블에 조화롭게 장식한다.

다육 식물 가든

장　　소　양지, 반양지
온　　도　따뜻한 곳, 서늘한 곳 모두 다 잘 자란다.
물 주 기　겉흙이 마르면 준다. 11~2월까지는 10일에 한 번 정도 준다.
비　　료　한 달에 한 번 정도 관엽 식물용 비료를 준다.
병 충 해　진딧물, 응애
번　　식　포기 나누기, 삽목

특징　키가 작은 식물과 키가 큰 식물을 한 화분에 함께 심어 다양한 식물을 감상할 수 있다.

관리
1 햇볕이 잘 드는 곳에 두며 2년에 한 번 분갈이를 해 준다.
2 여러 종류를 같이 심는 경우 하나씩 심을 때보다 식물의 특성을 잘 파악하여 관리해 줘야 한다.
3 잎이 시들면 그때그때 잘라 준다.

화·분·갈·이

재료   초연, 흑법사, 당인, 화분, 꽃삽, 깔망, 이끼, 흙, 마사, 돌

⬆ 키가 큰 식물을 먼저 가운데 심는다.

⬆ 마주 보는 곳에 낮은 식물을 심는다.

⬆ 뒤쪽으로 낮은 식물과 중간 키의 식물을 심는다.

⬆ 마사와 이끼, 돌로 마무리를 한다.

디시 가든

장　　소　반음지, 반양지
온　　도　5~20℃
물 주 기　하루에 한 번씩 분무기로 충분히 적셔 준다.
비　　료　필요 없다.
병 충 해　거의 없다.

특징
1. 같은 특성을 가진 식물들끼리 모아 가든 형태로 만들어 집 안의 인테리어 소품으로 활용하면 좋다.
2. 유리 화기에 모양내어 식물을 심어 시원함과 고급스러움을 더해 준다.

관리
1. 통풍이 잘되는 곳에 둔다.
2. 배수구가 따로 없기 때문에 물을 직접 부어 주는 것보다 흙이 마르기 전에 분무기로 잎부분에 충분히 뿌려 준다.

화·분·갈·이

재 료
해피트리, 홍콩야자, 아이비, 아디안툼, 핑크스타, 유리 화기, 흙, 꽃삽, 마사, 흰 돌, 숯, 큰 돌

① 유리 화기 밑부분에 마사로 배수층을 만든다.
② 아디안툼을 포트에서 꺼내어 중앙에서 약간 벗어나게 자리 잡아 준다.
③ 사이를 두고 홍콩야자를 심는다.
④ ②와 ③ 사이에 키 작은 아이비를 심는다.
⑤ 해피트리를 아디안툼 옆에 심고 핑크스타를 제일 끝에 모양 잡아 심는다.
⑥ 단단히 고정해 심은 후 흙으로 채우고 그 위에 마사를 깔아 준다.
⑦ 흰 돌을 돌려 가며 모양내어 깔아 준다.
⑧ 숯과 큰 돌 등으로 마무리한다.

화훼장식 기능사 실기

2013년 7월 10일 인쇄
2013년 7월 15일 발행

저자 : 김혜정
펴낸이 : 이정일

펴낸곳 : 도서출판 **일진사**
www.iljinsa.com
140-896 서울시 용산구 효창원로 64길 6
대표전화 : 704-1616, 팩스 : 715-3536
등록번호 : 제1979-000009호(1979.4.2)

값 18,000원

ISBN : 978-89-429-1350-3

* 이 책에 실린 글이나 사진은 문서에 의한 출판사의
동의 없이 무단 전재·복제를 금합니다.